Después de sufrir un atentado en contra de su ejemplar e intachable carrera profesional, el Ingeniero Israel Laisequilla nos ofrece en esta obra una guía detallada y claramente redactada que nos permite adentrarnos en el mundo de la industria, de la manera tan peculiar como solo el llamado "ingeniero más polémico" logra hacerlo.

INSTRUCCIONES

La información aquí presentada considera el acceso y/o disponibilidad de la información y tecnologías actuales. En caso de requerir más información, formatos y/o ejemplos, su consulta, podría aumentar su confiabilidad gracias a los criterios desarrollados con la obra. Cualquier información adicional, fórmulas y/o videos pueden ser requeridos con el asistente artificial de su preferencia.

La biblia del Ingeniero Industrial

Ingeniería y Métodos

TALLER DEL INGE

I. LAISEQUILLA

Revisión 1

*Intro del autor agregada, Julio 2024.

A los ingenieros industriales

iii

La biblia del ingeniero industrial – Ingeniería y Métodos

CONTENIDO

MÉTODOS INDUSTRIALES

vii

La biblia del ingeniero industrial – Ingeniería y Métodos

AGRADECIMIENTOS

Quisiera expresar mi profundo agradecimiento a aquellos que han hecho posible la creación de este libro, una obra que surge de la fusión de dos obras anteriores y representa el fruto de años de dedicación y pasión por la ingeniería industrial.

En primer lugar, mi gratitud eterna a mi amada familia. Su constante apoyo, comprensión y paciencia han sido el cimiento sobre el cual se ha construido este proyecto. Gracias por ser mi fuente inagotable de inspiración.

Agradezco de manera especial a mi editor, cuya experiencia, visión y dedicación han sido fundamentales para dar forma a este libro. Su orientación experta y compromiso con la excelencia han elevado este proyecto a nuevos niveles, y estoy profundamente agradecido por su colaboración.

A los valiosos lectores de mis obras anteriores y a aquellos que ahora se aventuran a explorar La biblia del Ingeniero Industrial – Ingeniería y Métodos, les extiendo mi más sincero agradecimiento. Su interés y apoyo son el motor que impulsa mi labor, y espero que encuentren en estas páginas conocimientos valiosos y perspectivas enriquecedoras.

Este libro es el resultado de un esfuerzo colectivo, y a cada persona que de alguna manera ha contribuido, ya sea con palabras de aliento, retroalimentación constructiva o esfuerzos colaborativos, les estoy agradecido.

Que este compendio sea una fuente de inspiración y conocimiento para las mentes inquietas y apasionadas por la ingeniería industrial.

Taller del inge

INTRODUCCIÓN A LA INGENIERÍA INDUSTRIAL

La ingeniería industrial es una disciplina que se enfoca en el diseño, mejora y gestión de sistemas y procesos para la producción de bienes y servicios. Esta disciplina se basa en los principios de la ingeniería, la ciencia y la gestión, y abarca una amplia gama de campos que incluyen la gestión de operaciones, la logística, la producción, la ergonomía, la seguridad laboral, la automatización y el control, entre otros.

El objetivo principal de la ingeniería industrial es optimizar los procesos y sistemas para mejorar la eficiencia, reducir los costos, aumentar la calidad y garantizar la seguridad y el bienestar de los trabajadores y consumidores. Para lograr estos objetivos, los ingenieros industriales utilizan herramientas y técnicas avanzadas de análisis, diseño y gestión, así como una amplia variedad de tecnologías y metodologías.

El papel de la ingeniería industrial en la sociedad es crucial, ya que permite la producción eficiente y efectiva de bienes y servicios, lo que a su vez contribuye al crecimiento económico y al bienestar general. La ingeniería industrial se utiliza en una amplia gama de sectores, incluyendo la manufactura, la energía, la salud, el transporte, las comunicaciones y los servicios financieros.

La evolución de la ingeniería industrial

La ingeniería industrial ha evolucionado a lo largo de los años, y su origen se remonta a la Revolución Industrial en el siglo XVIII. En aquel entonces, la industria manufacturera se encontraba en un período de crecimiento y expansión, y la necesidad de aumentar la eficiencia y la productividad era evidente. La invención de la máquina de vapor y otros avances tecnológicos permitieron la creación de fábricas y la producción en masa, lo que llevó a una mayor demanda de ingenieros y expertos en gestión.

Con el tiempo, la ingeniería industrial se ha expandido para abarcar una amplia gama de campos, desde la gestión de la producción hasta la logística y la gestión de la cadena de suministro. La disciplina también ha evolucionado para incluir una mayor atención a la sostenibilidad y la responsabilidad social, a medida que los problemas ambientales y sociales se han vuelto más prominentes en la sociedad.

Los fundamentos de la ingeniería industrial

Los ingenieros industriales utilizan una variedad de herramientas y técnicas para optimizar los procesos y sistemas. Algunas de estas herramientas incluyen la investigación de operaciones, la estadística, la simulación, la programación lineal, la optimización y la modelización de sistemas. Los ingenieros industriales también utilizan una variedad de técnicas de gestión, como la gestión de proyectos, la gestión de la calidad, la gestión del cambio y la gestión de la cadena de suministro.

El trabajo del ingeniero industrial implica una combinación de habilidades técnicas y de gestión, lo que significa que los ingenieros industriales deben tener una sólida formación en matemáticas, ciencias físicas y sociales, así como en gestión y liderazgo. Además, los ingenieros industriales deben ser capaces de trabajar en equipo, comunicarse de manera efectiva y tener un pensamiento crítico para abordar y resolver problemas complejos.

El campo de la ingeniería industrial también implica una comprensión profunda de la ergonomía y la seguridad laboral, ya que los ingenieros industriales trabajan en estrecha colaboración con los trabajadores en los procesos de producción y deben garantizar que los trabajadores estén seguros y cómodos mientras realizan sus tareas.

Otro aspecto importante de la ingeniería industrial es la automatización y el control, que se refiere a la implementación de sistemas y tecnologías para mejorar la eficiencia y la calidad en los procesos de producción. Los ingenieros industriales trabajan con robots, sistemas de control y tecnologías avanzadas para optimizar los procesos y reducir los costos.

Aplicaciones de la ingeniería industrial

La ingeniería industrial se utiliza en una amplia variedad de industrias y sectores. En la industria manufacturera, los ingenieros industriales trabajan en la producción en masa, la automatización, la robótica y la mejora de la calidad. En la industria de la salud, los ingenieros industriales pueden trabajar en el diseño y la implementación de sistemas de atención médica eficientes y efectivos. En la industria del transporte, los ingenieros industriales pueden trabajar en la gestión de la cadena de suministro y la logística para garantizar la entrega oportuna y eficiente de bienes y servicios.

En el sector de servicios financieros, los ingenieros industriales pueden trabajar en la gestión de procesos y sistemas para garantizar la eficiencia y la seguridad en las transacciones financieras. En el sector energético, los ingenieros industriales pueden trabajar en la mejora de la eficiencia energética y la implementación de tecnologías sostenibles.

Además, la ingeniería industrial también tiene aplicaciones en el sector público, donde los ingenieros industriales pueden trabajar en la mejora de la eficiencia y la calidad en los procesos gubernamentales y en la prestación de servicios públicos.

Desafíos y oportunidades en la ingeniería industrial

La ingeniería industrial se enfrenta a una serie de desafíos y oportunidades en la actualidad. Uno de los mayores desafíos es la necesidad de abordar los problemas ambientales y sociales, como la sostenibilidad y la responsabilidad social. Los ingenieros industriales deben encontrar formas de reducir el impacto ambiental de los procesos de producción y garantizar que las prácticas empresariales sean socialmente responsables.

Otro desafío importante es la necesidad de adaptarse a los avances tecnológicos y la digitalización de los procesos de producción. Los ingenieros industriales deben mantenerse actualizados sobre las últimas tecnologías y herramientas para garantizar que los procesos y sistemas sean eficientes y efectivos.

Además, la globalización y la competencia internacional han aumentado la necesidad de mejorar la eficiencia y la calidad en los procesos de producción. Los ingenieros industriales deben encontrar formas de competir en un mercado globalizado y garantizar que sus procesos sean eficientes y rentables.

A pesar de estos desafíos, la ingeniería industrial también ofrece muchas oportunidades emocionantes para aquellos que buscan una carrera en esta disciplina. La creciente demanda de ingenieros industriales significa que hay una amplia gama de oportunidades de empleo en una variedad de industrias y sectores. Además, la ingeniería industrial es una disciplina en constante evolución, lo que significa que hay muchas oportunidades para el crecimiento profesional y la innovación en el campo.

En resumen, la ingeniería industrial es una disciplina fascinante que combina una amplia gama de habilidades y conocimientos para mejorar la eficiencia y la calidad en los procesos de producción. Desde la gestión de la cadena de suministro hasta la mejora de la calidad, la automatización y la implementación de tecnologías avanzadas, los ingenieros industriales desempeñan un papel crítico en el éxito de una variedad de industrias y sectores. Con una creciente demanda de profesionales en este campo, la ingeniería industrial ofrece una emocionante variedad de oportunidades de empleo y crecimiento profesional.

FUNDAMENTOS DE LA GESTIÓN DE OPERACIONES

La gestión de operaciones es una disciplina clave en la ingeniería industrial, ya que se enfoca en la planificación, coordinación y control de los procesos productivos y de servicios. En este capítulo, exploraremos los fundamentos de la gestión de operaciones y cómo se aplican en la práctica.

Conceptos básicos de la gestión de operaciones

La gestión de operaciones se centra en la eficiencia y eficacia de los procesos productivos y de servicios. Su objetivo es optimizar el uso de los recursos, mejorar la calidad del producto o servicio y aumentar la satisfacción del cliente. Para lograr esto, se utilizan herramientas y técnicas específicas, como la planificación de la producción, la gestión de inventarios, la programación de la producción, la gestión de la calidad y la gestión de la cadena de suministro.

Planificación de la producción

La planificación de la producción es un proceso clave en la gestión de operaciones. Implica la definición de los objetivos de producción, la determinación de los recursos necesarios y la programación de las actividades necesarias para producir el producto o servicio. La planificación de la producción se puede dividir en tres niveles: planificación a largo plazo, planificación a medio plazo y planificación a corto plazo.

En la planificación a largo plazo, se establecen los objetivos de producción a largo plazo, se determinan los recursos necesarios y se definen los planes de inversión. En la planificación a medio plazo, se definen los planes de producción a mediano plazo, se programan las actividades necesarias para cumplir los objetivos a largo plazo y se determina la capacidad requerida. En la planificación a corto plazo, se definen los planes de producción a corto plazo, se programan las actividades necesarias para cumplir los objetivos a medio plazo y se determina la capacidad requerida.

Gestión de inventarios

La gestión de inventarios se refiere al control y monitoreo de la cantidad y valor de los productos o materiales almacenados en un almacén o bodega. Esta gestión es importante para garantizar la disponibilidad de los productos y materiales necesarios para la producción, pero también para evitar la acumulación de inventarios excesivos que puedan generar costos innecesarios. Para la gestión de inventarios, se utilizan técnicas específicas, como el punto de reorden, el inventario de seguridad y el análisis ABC.

Programación de la producción

La programación de la producción es un proceso que implica la asignación de recursos y la programación de las actividades necesarias para producir el producto o servicio. En la programación de la producción, se utilizan técnicas específicas, como el diagrama de Gantt, el método PERT y la programación lineal. Estas técnicas permiten programar las actividades de producción de manera efectiva y eficiente.

Gestión de la calidad

La gestión de la calidad se refiere al conjunto de actividades que se realizan para garantizar que un producto o servicio cumpla con los requisitos y expectativas del cliente. Esta gestión es importante para garantizar la satisfacción del cliente y para evitar costos innecesarios asociados con la insatisfacción del cliente. Para la gestión de la calidad, se utilizan técnicas específicas, como el control de calidad estadístico, el muestreo de aceptación y el análisis de causa y efecto.

Gestión de la cadena de suministro

La gestión de la cadena de suministro se refiere a la coordinación y gestión de los procesos que se realizan desde la obtención de los materiales y componentes necesarios para la producción, hasta la entrega del producto o servicio al cliente final. Esta gestión es importante para garantizar la disponibilidad de los materiales y componentes necesarios, así como para garantizar la entrega puntual y eficiente del producto o servicio. Para la gestión de la cadena de suministro, se utilizan técnicas específicas, como la planificación de la demanda, la gestión de proveedores y la gestión de almacenes.

Herramientas y técnicas de la gestión de operaciones

Además de los conceptos básicos de la gestión de operaciones, existen varias herramientas y técnicas que se utilizan para mejorar la eficiencia y eficacia de los procesos productivos y de servicios.

Lean manufacturing

El lean manufacturing es una metodología que se enfoca en la eliminación de desperdicios en los procesos productivos. Se basa en cinco principios: identificar el valor, mapear el flujo de valor, crear flujo continuo, establecer un sistema pull y buscar la perfección. Al implementar la metodología lean manufacturing, las empresas pueden mejorar la eficiencia y reducir costos.

Seis Sigma

El Seis Sigma es una metodología que se enfoca en la reducción de la variabilidad en los procesos productivos. Se basa en la medición, análisis y mejora de los procesos para lograr una reducción significativa de defectos. Al implementar la metodología Seis Sigma, las empresas pueden mejorar la calidad de sus productos o servicios y reducir costos.

Teoría de restricciones

La teoría de restricciones es una metodología que se enfoca en la identificación y eliminación de las limitaciones en los procesos productivos. Se basa en la identificación de la restricción más crítica y la implementación de medidas para eliminarla o reducirla. Al implementar la teoría de restricciones, las empresas pueden mejorar la eficiencia de sus procesos y reducir los tiempos de producción.

Justo a tiempo

El justo a tiempo es una metodología que se enfoca en la eliminación del inventario innecesario. Se basa en la producción y entrega de los productos o materiales justo en el momento en que son necesarios. Al implementar el justo a tiempo, las empresas pueden reducir los costos asociados con la gestión de inventarios y mejorar la eficiencia de sus procesos.

Conclusiones

En resumen, la gestión de operaciones es una disciplina clave en la ingeniería industrial, ya que se enfoca en la planificación, coordinación y control de los procesos productivos y de servicios. La gestión de operaciones implica la planificación de la producción, la gestión de inventarios, la programación de la producción, la gestión de la calidad y la gestión de la cadena de suministro. Además, existen herramientas y técnicas específicas, como el lean manufacturing, el Seis Sigma, la teoría de restricciones y el justo a tiempo, que se utilizan para mejorar la eficiencia y eficacia de los procesos productivos y de servicios.

DISEÑO DE SISTEMAS Y PROCESOS INDUSTRIALES

El diseño de sistemas y procesos industriales es una parte fundamental de la ingeniería industrial. El diseño adecuado de sistemas y procesos puede mejorar la eficiencia, la productividad, la calidad y la seguridad en los entornos industriales. En este capítulo, exploraremos los fundamentos del diseño de sistemas y procesos industriales, así como algunas de las herramientas y técnicas utilizadas en este proceso.

Diseño de sistemas

El diseño de sistemas implica la creación de un conjunto de componentes y subsistemas interconectados que trabajan juntos para lograr un objetivo específico. El diseño de sistemas puede ser aplicado a una amplia variedad de aplicaciones industriales, incluyendo la fabricación, el transporte, la energía, la salud y la seguridad.

En el diseño de sistemas, es importante tener en cuenta las necesidades y expectativas del usuario final, así como las restricciones técnicas y económicas. Además, el diseño de sistemas debe ser capaz de soportar cambios y adaptaciones futuras.

El proceso de diseño de sistemas implica varias etapas, que pueden incluir la definición de requisitos, la identificación de alternativas de diseño, la evaluación de las alternativas, la selección del diseño preferido y la implementación y validación del diseño.

Diseño de procesos

El diseño de procesos implica la creación de un conjunto de actividades interconectadas que convierten materias primas y energía en productos o servicios. El diseño adecuado de procesos puede mejorar la eficiencia, la calidad, la seguridad y la sostenibilidad en los entornos industriales.

En el diseño de procesos, es importante tener en cuenta las necesidades y expectativas del cliente, así como las restricciones técnicas y económicas. Además, el diseño de procesos debe ser capaz de soportar cambios y adaptaciones futuras.

El proceso de diseño de procesos implica varias etapas, que pueden incluir la definición de requisitos, la identificación de alternativas de diseño, la evaluación de las alternativas, la selección del diseño preferido y la implementación y validación del diseño.

Herramientas y técnicas de diseño de sistemas y procesos

Existen varias herramientas y técnicas que pueden ser utilizadas en el diseño de sistemas y procesos industriales. Algunas de las herramientas y técnicas más comunes incluyen:

Diagramas de flujo: los diagramas de flujo son herramientas utilizadas para visualizar y analizar los procesos. Los diagramas de flujo pueden ayudar a identificar áreas problemáticas en los procesos y diseñar soluciones para mejorar la eficiencia y efectividad de los procesos.

Análisis de riesgos: el análisis de riesgos es una técnica utilizada para identificar y evaluar los riesgos asociados con los sistemas y procesos. El análisis de riesgos puede ayudar a las empresas a diseñar soluciones para mitigar los riesgos y mejorar la seguridad de los sistemas y procesos.

Simulación: la simulación es una técnica utilizada para modelar y analizar los sistemas y procesos. La simulación puede ayudar a las empresas a identificar áreas problemáticas en los sistemas y procesos y diseñar soluciones para mejorar la eficiencia y efectividad de los sistemas y procesos.

Diseño para manufacturabilidad: el diseño para manufacturabilidad es una técnica utilizada para Diseño de sistemas y procesos industriales. En la industria, el diseño de sistemas y procesos es una de las tareas más importantes para asegurar la calidad y eficiencia de la producción. En este capítulo, se explorará la importancia del diseño de sistemas y procesos en la ingeniería industrial, así como los principios clave que los ingenieros deben tener en cuenta al diseñar sistemas y procesos efectivos.

Introducción al diseño de sistemas y procesos

El diseño de sistemas y procesos industriales es un proceso clave que involucra la creación y desarrollo de sistemas y procesos efectivos para la producción y la manufactura de productos. En términos generales, el diseño de sistemas y procesos industriales implica una amplia gama de actividades, desde la planificación y diseño inicial de sistemas y procesos hasta la implementación y optimización de sistemas y procesos existentes.

En la ingeniería industrial, el diseño de sistemas y procesos es una tarea crítica para garantizar la calidad, la eficiencia y la rentabilidad de la producción. Los ingenieros industriales se dedican a crear sistemas y procesos optimizados para maximizar la productividad, minimizar los costos y garantizar la calidad del producto. Al diseñar sistemas y procesos efectivos, los ingenieros industriales pueden mejorar la competitividad y la rentabilidad de la empresa.

Principios clave del diseño de sistemas y procesos industriales

El diseño de sistemas y procesos industriales implica una amplia gama de actividades, pero hay algunos principios clave que los ingenieros industriales deben tener en cuenta al diseñar sistemas y procesos efectivos. Estos principios incluyen:

Definir los objetivos y requisitos del sistema o proceso: Antes de comenzar el diseño de un sistema o proceso, es importante definir claramente los objetivos y requisitos del mismo. Los ingenieros industriales deben tener en cuenta los objetivos de la empresa, las necesidades de los clientes y las limitaciones de recursos al diseñar un sistema o proceso.

Identificar los procesos clave: El diseño efectivo de un sistema o proceso requiere la identificación y el análisis de los procesos clave involucrados. Los ingenieros industriales deben comprender cómo se realizan los procesos y cómo se relacionan entre sí para diseñar sistemas y procesos efectivos.

Diseñar para la calidad: La calidad del producto es un objetivo crítico en el diseño de sistemas y procesos industriales. Los ingenieros industriales deben diseñar sistemas y procesos que minimicen la variabilidad y maximicen la calidad del producto.

Diseñar para la eficiencia: La eficiencia es otro objetivo importante en el diseño de sistemas y procesos industriales. Los ingenieros industriales deben diseñar sistemas y procesos que minimicen el desperdicio de materiales, energía y tiempo.

Diseñar para la flexibilidad: Los sistemas y procesos industriales deben ser diseñados para ser flexibles y adaptables a los cambios en las necesidades del cliente o en la producción. Los ingenieros industriales deben anticipar posibles cambios y diseñar sistemas y procesos que puedan adaptarse a ellos.

Evaluar y mejorar continuamente: El diseño de sistemas y procesos industriales es un proceso continuo que requiere evaluación y mejora constante. Los ingenieros industriales deben analizar regularmente los sistemas y procesos existentes para identificar oportunidades de mejora Además del análisis de flujo de proceso, otra herramienta que se utiliza en el diseño de sistemas y procesos industriales es la simulación. La simulación permite a los ingenieros industriales crear un modelo matemático de un sistema o proceso y usarlo para predecir su comportamiento bajo diferentes condiciones. Esto es especialmente útil cuando se trata de sistemas o procesos complejos, ya que puede ser difícil predecir cómo funcionarán en la vida real.

La simulación se realiza a menudo mediante el uso de software especializado que puede modelar sistemas y procesos complejos. Estos modelos pueden ser muy detallados e incluir múltiples variables y factores. Los ingenieros industriales pueden usar la simulación para probar diferentes escenarios y ver cómo afectan el rendimiento del sistema o proceso. También pueden utilizar la simulación para identificar cuellos de botella y otros problemas de rendimiento que podrían no ser evidentes de otra manera.

El diseño de sistemas y procesos también implica la selección de equipos y tecnologías adecuados. Los ingenieros industriales deben entender las capacidades y limitaciones de diferentes tipos de equipos y tecnologías para poder seleccionar el más adecuado para cada tarea. Esto puede incluir la selección de maquinaria, herramientas, materiales y otros recursos.

Una vez que se ha seleccionado el equipo y la tecnología adecuados, los ingenieros industriales pueden comenzar a diseñar los procesos de producción. Esto incluye la creación de diagramas de flujo detallados que muestran el movimiento de los materiales y los trabajadores a través del proceso. Estos diagramas de flujo también pueden ayudar a los ingenieros industriales a identificar áreas donde se pueden mejorar la eficiencia y reducir los costos.

Además de la planificación y el diseño, el proceso de diseño de sistemas y procesos también incluye la implementación y puesta en marcha. Durante esta fase, los ingenieros industriales trabajan con los trabajadores y los gerentes de la planta para implementar los nuevos sistemas y procesos. También pueden proporcionar capacitación y soporte para asegurarse de que todos los empleados comprendan el nuevo sistema o proceso y se sientan cómodos usándolo.

Finalmente, los ingenieros industriales deben monitorear y medir el rendimiento del nuevo sistema o proceso para asegurarse de que está funcionando según lo previsto. Esto implica la medición y el análisis de métricas clave como el rendimiento, la eficiencia y los costos. Los ingenieros industriales también pueden utilizar la retroalimentación de los empleados y los gerentes para identificar áreas donde se pueden realizar mejoras adicionales.

En resumen, el diseño de sistemas y procesos industriales es un aspecto fundamental de la ingeniería industrial. Implica la planificación, el diseño, la implementación y la medición del rendimiento de los sistemas y procesos utilizados en la producción industrial. Los ingenieros industriales utilizan una variedad de herramientas y técnicas, incluyendo el análisis de flujo de proceso, la simulación y la selección de equipos y tecnologías, para crear sistemas y procesos eficientes y rentables que ayuden a las empresas a lograr sus objetivos de producción.

CONTROL DE CALIDAD Y MEJORA CONTINUA

El control de calidad y la mejora continua son dos conceptos críticos en cualquier organización que busca mejorar sus procesos y ofrecer productos o servicios de alta calidad a sus clientes. El control de calidad es un proceso que busca garantizar que los productos o servicios cumplen con los requisitos y especificaciones del cliente y que se entregan de manera consistente. La mejora continua, por otro lado, es un proceso que busca mejorar continuamente los procesos y productos de la organización a lo largo del tiempo. En este capítulo, exploraremos los conceptos de control de calidad y mejora continua en profundidad, analizando sus componentes clave y su impacto en la organización.

Control de Calidad

El control de calidad es un proceso que se enfoca en garantizar que los productos o servicios que se ofrecen cumplan con los requisitos y especificaciones del cliente. Este proceso se basa en la identificación de problemas o desviaciones en los procesos y productos, la implementación de medidas para corregir estos problemas y la medición de la eficacia de estas medidas. El control de calidad se enfoca en garantizar que los productos o servicios cumplan con las especificaciones de calidad establecidas por la organización, la industria o los clientes.

El control de calidad se divide en dos tipos principales: el control de calidad interno y el control de calidad externo. El control de calidad interno se enfoca en garantizar que los productos o servicios cumplan con los requisitos y especificaciones internos de la organización. El control de calidad externo, por otro lado, se enfoca en garantizar que los productos o servicios cumplan con los requisitos y especificaciones de los clientes o las regulaciones externas.

Componentes del Control de Calidad

Existen varios componentes clave en el control de calidad. Estos incluyen la planificación, el control de procesos, la evaluación de la calidad, la mejora continua y el enfoque en el cliente.

Planificación

La planificación es un componente clave del control de calidad. En este proceso, se establecen los objetivos de calidad, se identifican los procesos y productos críticos, se establecen las especificaciones de calidad y se desarrollan los planes de control de calidad. La planificación también incluye la identificación de los riesgos y la implementación de medidas para mitigarlos.

Control de Procesos

El control de procesos es un componente clave del control de calidad. Este proceso se enfoca en garantizar que los procesos de la organización estén funcionando de manera óptima y cumplan con los requisitos y especificaciones de calidad establecidos. El control de procesos incluye la identificación de los puntos críticos del proceso, la implementación de medidas para controlar estos puntos y la medición de la eficacia de estas medidas.

Evaluación de la Calidad

La evaluación de la calidad es otro componente clave del control de calidad. Este proceso se enfoca en medir la calidad de los productos o servicios que se ofrecen. La evaluación de la calidad incluye la medición de la conformidad del producto o servicio con las especificaciones de calidad establecidas, la identificación de problemas o desviaciones y la implementación de medidas para corregir estos problemas.

Mejora Continua

La mejora continua es un componente clave del control de calidad. Este proceso se enfoca en identificar áreas de mejora en los procesos y productos de la organización y en implementar medidas para mejorar continuamente estos procesos y productos. La mejora continua se basa en el ciclo de mejora continua de Deming, que consta de cuatro pasos: planificar, hacer, verificar y actuar. En el primer paso, se planifican las mejoras a implementar, en el segundo paso, se implementan las mejoras planificadas, en el tercer paso se verifica la eficacia de las mejoras implementadas y en el cuarto paso se actúa en función de los resultados obtenidos, para continuar mejorando el proceso.

Enfoque en el Cliente

El enfoque en el cliente es otro componente clave del control de calidad. Este proceso se enfoca en entender las necesidades y expectativas del cliente y en garantizar que los productos o servicios ofrecidos cumplan con estas necesidades y expectativas. El enfoque en el cliente incluye la retroalimentación del cliente y la implementación de medidas para mejorar la satisfacción del cliente.

Herramientas del Control de Calidad

Existen varias herramientas del control de calidad que se utilizan para mejorar los procesos y garantizar la calidad de los productos o servicios. Algunas de las herramientas más comunes incluyen:

Diagrama de Pareto: es una herramienta utilizada para identificar los problemas críticos en un proceso y priorizarlos en función de su impacto en la calidad del producto o servicio.

Diagrama de Ishikawa: también conocido como diagrama de espina de pescado, es una herramienta utilizada para identificar las causas de un problema y entender cómo estas causas están relacionadas.

Gráficos de control: son herramientas utilizadas para monitorear la calidad de un proceso a lo largo del tiempo y detectar desviaciones que puedan indicar problemas en el proceso.

Muestreo estadístico: es una herramienta utilizada para medir la calidad de un proceso a través de la recolección y análisis de una muestra de productos o servicios.

Mejora Continua

La mejora continua es un proceso crítico para cualquier organización que busca garantizar la calidad de sus productos o servicios y mejorar continuamente sus procesos. La mejora continua se enfoca en identificar áreas de mejora y en implementar medidas para mejorar continuamente los procesos y productos de la organización.

El ciclo de mejora continua de Deming es una herramienta utilizada para implementar la mejora continua en una organización. Este ciclo consta de cuatro pasos: planificar, hacer, verificar y actuar.

Planificar: en este paso, se identifican las áreas de mejora y se desarrollan planes para implementar mejoras en estas áreas.

Hacer: en este paso, se implementan las mejoras planificadas.

Verificar: en este paso, se verifica la eficacia de las mejoras implementadas a través de la medición y análisis de los resultados.

Actuar: en este paso, se actúa en función de los resultados obtenidos y se continúa mejorando el proceso.

La mejora continua es un proceso que requiere la participación y compromiso de todos los miembros de la organización. Es importante establecer una cultura de mejora continua en la organización y fomentar la participación de todos los miembros en la identificación de áreas de mejora y en la implementación de mejoras.

Beneficios del Control de Calidad y la Mejora Continua

El control de calidad y la mejora continua tienen muchos beneficios para una organización. Algunos de estos beneficios incluyen:

Mejora de la calidad de los productos o servicios ofrecidos.

Reducción de los costos asociados con la producción y la entrega de productos o servicios.

Mejora de la eficiencia y eficacia de los procesos.

Mejora de la satisfacción del cliente.

Aumento de la lealtad y retención de clientes.

Reducción de la tasa de devolución de productos o cancelaciones de servicios.

Mejora de la reputación de la organización.

Aumento de la competitividad de la organización.

Mejora del ambiente laboral al involucrar a los empleados en el proceso de mejora continua.

En general, el control de calidad y la mejora continua son fundamentales para el éxito a largo plazo de una organización. Al implementar estos procesos, una organización puede garantizar que sus productos o servicios cumplan con las expectativas de sus clientes y mejorar continuamente sus procesos para seguir siendo competitivos en un mercado en constante cambio.

Ejemplo de Aplicación del Control de Calidad y la Mejora Continua

Para ilustrar cómo el control de calidad y la mejora continua se aplican en la práctica, se puede utilizar el ejemplo de una empresa de fabricación de automóviles.

Planificación: en esta fase, se identifican las áreas de mejora para el proceso de fabricación de automóviles. En este caso, se puede identificar el proceso de pintura como una posible área de mejora, ya que se han identificado algunas inconsistencias en el color y la calidad de la pintura en algunos de los vehículos fabricados.

Hacer: en esta fase, se implementan las mejoras planificadas para el proceso de pintura. Se pueden implementar mejoras en el proceso de mezclado y aplicación de la pintura para garantizar que se aplique uniformemente y se ajuste al color y la calidad requeridos.

Verificación: en esta fase, se verifica la eficacia de las mejoras implementadas a través de la medición y análisis de los resultados. En este caso, se puede medir la calidad de la pintura aplicada a los vehículos fabricados y compararla con los resultados anteriores para determinar si las mejoras han tenido un impacto positivo.

Actuar: en esta fase, se actúa en función de los resultados obtenidos y se continúa mejorando el proceso. Si los resultados son positivos, se pueden implementar las mejoras en el proceso de pintura en todos los vehículos fabricados en el futuro. Si los resultados no son satisfactorios, se pueden identificar otras áreas de mejora y comenzar el proceso de mejora continua nuevamente.

Conclusiones

En conclusión, el control de calidad y la mejora continua son procesos críticos para cualquier organización que busque garantizar la calidad de sus productos o servicios y mejorar continuamente sus procesos. Estos procesos pueden ayudar a reducir los costos, aumentar la eficiencia y la eficacia, mejorar la satisfacción del cliente y aumentar la competitividad de la organización.

El enfoque en el cliente es fundamental para el éxito del control de calidad y la mejora continua, ya que permite a las organizaciones comprender las necesidades y expectativas del cliente y garantizar que sus productos o servicios cumplan con estas necesidades y expectativas.

Las herramientas del control de calidad son valiosas para identificar áreas de mejora y garantizar la calidad de los productos o servicios. Sin embargo, es importante recordar que estas herramientas deben ser utilizadas en conjunto con un enfoque holístico de mejora continua para lograr resultados óptimos.

En resumen, el control de calidad y la mejora continua son procesos dinámicos y continuos que requieren la participación y compromiso de todos los miembros de la organización. Al implementar estos procesos de manera efectiva, una organización puede garantizar la calidad de sus productos o servicios, satisfacer las necesidades y expectativas del cliente y mantenerse competitiva en un mercado en constante cambio.

MÉTODOS DE ANÁLISIS Y OPTIMIZACIÓN

El capítulo de Métodos de análisis y optimización es uno de los pilares fundamentales en la toma de decisiones y la resolución de problemas en una amplia variedad de campos. En este capítulo, se exploran técnicas y herramientas para analizar y optimizar sistemas, procesos, proyectos, entre otros. En esta ocasión, abordaremos los principales conceptos y técnicas utilizadas en la optimización y análisis de sistemas y procesos, además de algunos ejemplos prácticos de aplicación.

Conceptos fundamentales

Antes de adentrarnos en las técnicas y herramientas para analizar y optimizar sistemas y procesos, es importante definir algunos conceptos fundamentales. En primer lugar, la optimización se refiere al proceso de buscar la mejor solución posible dentro de un conjunto de opciones posibles. En segundo lugar, el análisis se refiere al proceso de entender cómo funciona un sistema o proceso, identificar sus fortalezas y debilidades y detectar oportunidades de mejora.

Otro concepto fundamental en la optimización y análisis de sistemas y procesos es el de función objetivo. La función objetivo es una medida cuantitativa de lo que se desea optimizar o maximizar. Por ejemplo, en un proceso de producción, la función objetivo puede ser maximizar la producción y minimizar los costos. En un sistema de transporte, la función objetivo puede ser minimizar el tiempo de viaje o maximizar la eficiencia del combustible.

Métodos de optimización

Existen numerosos métodos y técnicas para optimizar sistemas y procesos, cada uno con sus propias ventajas y desventajas. A continuación, se presentan algunos de los métodos más comunes.

Método de prueba y error

El método de prueba y error es uno de los métodos más simples para optimizar un sistema o proceso. En este método, se prueban diferentes configuraciones o ajustes hasta encontrar la mejor solución. Aunque es un método intuitivo y fácil de implementar, puede ser ineficiente y llevar mucho tiempo.

Método de gradiente descendente

El método de gradiente descendente es un método iterativo para encontrar el mínimo de una función objetivo. En este método, se parte de un punto aleatorio y se calcula la dirección y magnitud del gradiente de la función objetivo. Luego, se mueve en la dirección opuesta al gradiente, en la que la función objetivo disminuye. Este proceso se repite hasta que se alcanza un mínimo local.

Método de búsqueda aleatoria

El método de búsqueda aleatoria consiste en generar aleatoriamente una solución y evaluar su valor de función objetivo. Luego, se generan nuevas soluciones aleatorias y se evalúan, y se repite el proceso hasta encontrar la mejor solución posible. Aunque este método es simple y fácil de implementar, puede ser muy ineficiente y requerir muchas evaluaciones de la función objetivo.

Método de programación lineal

La programación lineal es un método matemático para optimizar una función objetivo lineal sujeta a restricciones lineales. En este método, se definen variables de decisión y se establecen restricciones sobre ellas. Luego, se busca la solución óptima que maximiza o minimiza la función objetivo sujeta a las restricciones. La programación lineal es un método poderoso y eficiente para resolver problemas de optimización lineal.

Método de programación entera

La programación entera es una extensión de la programación lineal, en la que las variables de decisión se restringen a valores enteros. Esto hace que el problema sea más complejo y difícil de resolver, pero permite modelar una amplia variedad de problemas reales, como la asignación de recursos y la programación de producción.

Método de simulación

El método de simulación consiste en crear un modelo matemático del sistema o proceso que se desea optimizar, y luego simular su comportamiento para evaluar diferentes escenarios y configuraciones. Este método permite analizar el impacto de diferentes decisiones en el sistema o proceso, sin tener que realizar experimentos en el mundo real. La simulación es una herramienta poderosa para el análisis y optimización de sistemas y procesos complejos.

Método de análisis de sensibilidad

El método de análisis de sensibilidad se utiliza para evaluar cómo cambia la función objetivo cuando cambian los parámetros del modelo. Por ejemplo, si la función objetivo es la producción de una fábrica, los parámetros pueden ser los costos de los materiales, los tiempos de procesamiento, etc. El análisis de sensibilidad permite identificar qué parámetros tienen un impacto significativo en la función objetivo, y cuáles son menos importantes.

Ejemplo práctico

Para ilustrar el uso de algunos de estos métodos de optimización y análisis, consideremos el siguiente ejemplo. Una empresa de transporte desea optimizar su flota de camiones para minimizar los costos de combustible y maximizar la eficiencia del transporte. La empresa tiene una flota de camiones de diferentes tamaños y capacidades, y necesita decidir qué camiones asignar a qué rutas para minimizar los costos.

Para resolver este problema, podemos utilizar un modelo de programación lineal para asignar los camiones a las rutas de manera óptima. El modelo puede incluir variables de decisión para la asignación de camiones a rutas, así como restricciones sobre la capacidad de los camiones y la demanda de cada ruta. La función objetivo puede ser una combinación de los costos de combustible y la eficiencia del transporte, ponderados por la importancia relativa de cada uno.

Una vez que se ha construido el modelo, se puede utilizar un software de programación lineal para encontrar la solución óptima. Luego, se pueden realizar análisis de sensibilidad para evaluar cómo cambia la solución óptima cuando cambian los parámetros del modelo, como los precios del combustible o la demanda de cada ruta.

Otro enfoque para optimizar la flota de camiones es utilizar el método de simulación. En este enfoque, se construye un modelo matemático del sistema de transporte y se simula su comportamiento para evaluar diferentes escenarios y configuraciones. Por ejemplo, se puede simular el impacto de cambiar la asignación de camiones a rutas, o el impacto de agregar nuevos camiones a la flota.

Conclusiones

El capítulo de Métodos de análisis y optimización es esencial para la resolución de problemas y la toma de decisiones en una amplia variedad de campos. En este capítulo, hemos revisado los conceptos fundamentales de la optimización y el análisis, así como los métodos más comunes utilizados en la práctica. Además, hemos presentado un ejemplo práctico de aplicación de estos métodos en el contexto de la optimización de una flota de camiones.

Es importante destacar que, aunque existen diferentes métodos de análisis y optimización, es crucial seleccionar el método adecuado para cada problema específico. Por ejemplo, la programación lineal es adecuada para problemas que pueden ser modelados como ecuaciones lineales, mientras que la programación entera es necesaria cuando las variables de decisión deben restringirse a valores enteros. Del mismo modo, el método de simulación es adecuado para sistemas y procesos complejos que no pueden ser modelados fácilmente mediante ecuaciones matemáticas.

Además, es importante recordar que los modelos matemáticos utilizados en la optimización y el análisis son simplificaciones de la realidad, y siempre existirán limitaciones y suposiciones en el modelo. Por lo tanto, es importante validar los resultados obtenidos a través de la simulación o el análisis de sensibilidad mediante la comparación con datos del mundo real.

En resumen, el capítulo de Métodos de análisis y optimización es fundamental para la resolución de problemas y la toma de decisiones en una amplia variedad de campos. Los métodos presentados en este capítulo, como la programación lineal, la programación entera, el método de simulación y el análisis de sensibilidad, son herramientas poderosas para el análisis y la optimización de sistemas y procesos complejos. Sin embargo, es importante seleccionar el método adecuado para cada problema específico, validar los resultados y tener en cuenta las limitaciones y suposiciones en el modelo utilizado.

MODELOS DE SIMULACIÓN Y TOMA DE DECISIONES

La simulación es una herramienta ampliamente utilizada en la toma de decisiones en diferentes campos, desde la ingeniería hasta las finanzas y la salud. Permite modelar sistemas complejos y predecir su comportamiento en diferentes situaciones. La toma de decisiones basada en la simulación implica el uso de modelos matemáticos para simular diferentes escenarios y evaluar el impacto de cada uno de ellos. En este capítulo, se discutirán los modelos de simulación y su aplicación en la toma de decisiones.

Tipos de modelos de simulación

Existen varios tipos de modelos de simulación que se utilizan en diferentes campos. Algunos de los tipos más comunes son los siguientes:

Modelos de eventos discretos: Este tipo de modelo se utiliza para simular sistemas en los que los eventos ocurren en momentos específicos y discretos. Los ejemplos incluyen colas en supermercados o aeropuertos, procesos de producción y sistemas de transporte.

Modelos de sistemas dinámicos: Este tipo de modelo se utiliza para simular sistemas en los que las variables cambian continuamente con el tiempo. Los ejemplos incluyen sistemas climáticos, sistemas económicos y sistemas biológicos.

Modelos de simulación basados en agentes: Este tipo de modelo se utiliza para simular sistemas en los que los agentes individuales tienen comportamientos autónomos y pueden interactuar entre sí. Los ejemplos incluyen simulaciones de tráfico, simulaciones de mercado y simulaciones de comportamiento animal.

Cada tipo de modelo tiene sus propias ventajas y desventajas, y la elección del tipo de modelo depende del sistema que se esté simulando y de los objetivos de la simulación.

Etapas de la simulación

El proceso de simulación consta de varias etapas, que incluyen la formulación del problema, la construcción del modelo, la validación del modelo, la ejecución de la simulación y el análisis de los resultados.

Formulación del problema: En esta etapa, se define el problema que se va a simular y se establecen los objetivos de la simulación. También se identifican las variables que influyen en el sistema y se definen los parámetros del modelo.

Construcción del modelo: En esta etapa, se construye el modelo matemático que representa el sistema a simular. Se selecciona el tipo de modelo que se va a utilizar y se establecen las ecuaciones que describen el comportamiento del sistema.

Validación del modelo: En esta etapa, se comprueba que el modelo sea válido y que refleje con precisión el comportamiento del sistema real. Se comparan los resultados de la simulación con datos históricos o experimentales para evaluar la precisión del modelo.

Ejecución de la simulación: En esta etapa, se ejecuta la simulación utilizando el modelo construido y los parámetros definidos en las etapas anteriores.

Análisis de los resultados: En esta etapa, se analizan los resultados de la simulación para evaluar el impacto de diferentes escenarios y tomar decisiones basadas en los resultados.

Aplicaciones de la simulación en la toma de decisiones

La simulación se utiliza en una amplia variedad de campos para la toma de decisiones. Algunas de las aplicaciones más comunes son las siguientes:

Simulación en ingeniería: La simulación se utiliza en la ingeniería para modelar sistemas complejos y predecir su comportamiento en diferentes situaciones. Por ejemplo, se puede utilizar para simular el flujo de fluidos en un sistema de tuberías, para evaluar el rendimiento de un sistema de producción o para predecir el comportamiento de una estructura durante un terremoto.

Simulación en finanzas: La simulación se utiliza en finanzas para modelar diferentes escenarios económicos y evaluar su impacto en una cartera de inversiones o en una empresa. Por ejemplo, se puede utilizar para evaluar el riesgo de inversión, para simular el comportamiento de los precios de las acciones o para evaluar el impacto de diferentes estrategias de inversión.

Simulación en salud: La simulación se utiliza en la salud para modelar sistemas biológicos complejos y predecir su comportamiento en diferentes situaciones. Por ejemplo, se puede utilizar para simular el comportamiento de un virus en una población, para evaluar el impacto de diferentes tratamientos en pacientes o para simular el comportamiento de un sistema inmune.

Simulación en logística: La simulación se utiliza en la logística para modelar sistemas de transporte y predecir su comportamiento en diferentes situaciones. Por ejemplo, se puede utilizar para simular el comportamiento del tráfico en una ciudad, para evaluar el impacto de diferentes rutas de transporte en la entrega de productos o para simular el comportamiento de un sistema de distribución.

Simulación en energía: La simulación se utiliza en la energía para modelar sistemas energéticos y predecir su comportamiento en diferentes situaciones. Por ejemplo, se puede utilizar para simular el comportamiento de una red eléctrica, para evaluar el impacto de diferentes fuentes de energía en el medio ambiente o para simular el comportamiento de un sistema de almacenamiento de energía.

Ventajas y desventajas de la simulación en la toma de decisiones

La simulación tiene varias ventajas y desventajas que deben tenerse en cuenta al utilizarla en la toma de decisiones.

Ventajas:

Permite modelar sistemas complejos: La simulación permite modelar sistemas complejos que serían difíciles de entender o predecir utilizando métodos analíticos.

Permite simular diferentes escenarios: La simulación permite simular diferentes escenarios y evaluar el impacto de cada uno de ellos. Esto permite tomar decisiones informadas sobre cómo abordar diferentes situaciones.

Reduce el riesgo: La simulación permite reducir el riesgo al predecir el comportamiento de un sistema antes de tomar una decisión. Esto puede ayudar a evitar errores costosos o peligrosos.

Ahorra tiempo y dinero: La simulación puede ahorrar tiempo y dinero al permitir que se prueben diferentes escenarios antes de implementar una solución.

Desventajas:

Requiere datos precisos: La simulación requiere datos precisos y completos para construir un modelo preciso. Si los datos son inexactos o incompletos, el modelo no reflejará con precisión el comportamiento del sistema real.

Requiere conocimientos técnicos: La simulación requiere conocimientos técnicos para construir modelos y ejecutar simulaciones. Si no se tiene la experiencia necesaria, se pueden cometer errores que afecten la precisión del modelo.

No siempre refleja la realidad: La simulación es una simplificación del mundo real y siempre hay cierto grado de incertidumbre asociado con los modelos de simulación. Además, los supuestos utilizados en el modelo pueden no ser precisos y pueden afectar la precisión del resultado.

Puede ser costosa: La construcción de un modelo de simulación preciso puede ser costosa, especialmente si se requiere software especializado o hardware de alta gama.

En general, la simulación puede ser una herramienta poderosa para la toma de decisiones, especialmente cuando se enfrenta a situaciones complejas o inciertas. Sin embargo, es importante reconocer que la simulación tiene limitaciones y que los resultados obtenidos deben ser interpretados cuidadosamente.

Etapas del proceso de simulación

El proceso de simulación consta de varias etapas que deben ser seguidas para obtener resultados precisos y significativos. A continuación, se describen las cinco etapas principales del proceso de simulación.

Definición del problema: En la primera etapa del proceso de simulación, se define el problema que se desea resolver y se establecen los objetivos de la simulación. Es importante definir el alcance de la simulación y los límites del modelo, incluyendo los supuestos utilizados y las variables a considerar.

Construcción del modelo: En la segunda etapa del proceso de simulación, se construye el modelo matemático que describe el comportamiento del sistema a simular. Esto implica definir las variables y relaciones que influyen en el comportamiento del sistema y desarrollar las ecuaciones necesarias para representarlas.

Validación del modelo: En la tercera etapa del proceso de simulación, se valida el modelo construido para asegurarse de que sea preciso y represente con precisión el comportamiento del sistema real. Esto implica comparar los resultados de la simulación con los datos reales para determinar la precisión del modelo.

Ejecución de la simulación: En la cuarta etapa del proceso de simulación, se ejecuta la simulación utilizando los datos de entrada definidos en la primera etapa. Se pueden realizar múltiples simulaciones para evaluar diferentes escenarios y obtener resultados estadísticos significativos.

Análisis de resultados: En la quinta y última etapa del proceso de simulación, se analizan los resultados obtenidos de la simulación para evaluar el desempeño del sistema en diferentes situaciones y tomar decisiones informadas. Se deben comparar los resultados con los objetivos establecidos en la primera etapa y evaluar la precisión y confiabilidad del modelo.

Herramientas de simulación

Existen varias herramientas de simulación disponibles que se pueden utilizar para construir y ejecutar modelos de simulación. A continuación, se describen algunas de las herramientas más comunes utilizadas en la simulación.

Simuladores de eventos discretos: Los simuladores de eventos discretos se utilizan para simular sistemas que cambian de estado en momentos discretos en el tiempo. Esto implica que los eventos ocurren en momentos específicos y que el sistema permanece en un estado constante entre eventos.

Simuladores de procesos: Los simuladores de procesos se utilizan para simular sistemas que cambian de estado continuamente en el tiempo. Esto implica que los eventos ocurren de manera continua y que el sistema no permanece en un estado constante entre eventos.

Simuladores de Monte Carlo: Los simuladores de Monte Carlo se utilizan para simular sistemas complejos y estocásticos utilizando métodos estadísticos. Esta técnica utiliza números aleatorios para simular la variabilidad y la incertidumbre en el modelo y proporciona resultados probabilísticos.

Simuladores de dinámica de sistemas: Los simuladores de dinámica de sistemas se utilizan para simular sistemas complejos y dinámicos que tienen múltiples retroalimentaciones y relaciones causales. Esta técnica utiliza diagramas de flujo para representar el sistema y puede modelar la complejidad de la interacción entre las diferentes variables.

Simuladores de agentes: Los simuladores de agentes se utilizan para simular sistemas que consisten en múltiples agentes individuales que interactúan entre sí. Esta técnica se utiliza comúnmente en la modelización de sistemas sociales y económicos, como la simulación de mercados financieros y la toma de decisiones en grupos.

Cada herramienta de simulación tiene sus propias fortalezas y debilidades, y la elección de la herramienta depende del tipo de problema que se desea resolver y de los datos disponibles.

Ejemplos de aplicaciones de simulación

La simulación se utiliza en una amplia variedad de campos, desde la ingeniería y la ciencia hasta la economía y las ciencias sociales. A continuación, se presentan algunos ejemplos de aplicaciones de simulación en diferentes campos.

Ingeniería: La simulación se utiliza comúnmente en la ingeniería para diseñar y optimizar sistemas complejos, como aviones, automóviles y plantas de energía. La simulación se utiliza para evaluar el desempeño de diferentes diseños y para identificar áreas para mejorar la eficiencia y la seguridad.

Ciencias de la salud: La simulación se utiliza en las ciencias de la salud para evaluar el efecto de diferentes tratamientos y terapias en pacientes. La simulación también se utiliza para entrenar a profesionales de la salud en situaciones de emergencia y para desarrollar y probar nuevos dispositivos médicos.

Economía y finanzas: La simulación se utiliza en la economía y las finanzas para modelar el comportamiento de los mercados financieros y evaluar diferentes estrategias de inversión. La simulación también se utiliza para evaluar el efecto de diferentes políticas económicas y para predecir el impacto de eventos futuros en la economía.

Ciencias sociales: La simulación se utiliza en las ciencias sociales para modelar el comportamiento de los individuos y los grupos en diferentes situaciones. La simulación se utiliza para evaluar el efecto de diferentes políticas públicas y para predecir el impacto de eventos futuros en la sociedad.

Conclusión

La simulación es una herramienta poderosa para la toma de decisiones que se utiliza en una amplia variedad de campos. La simulación puede ser utilizada para evaluar diferentes escenarios y tomar decisiones informadas en situaciones complejas e inciertas. Sin embargo, es importante reconocer que la simulación tiene limitaciones y que los resultados obtenidos deben ser interpretados cuidadosamente. El proceso de simulación consta de varias etapas que deben ser seguidas para obtener resultados precisos y significativos, y existen varias herramientas de simulación disponibles que se pueden utilizar para construir y ejecutar modelos de simulación.

GESTIÓN DE LA CADENA DE SUMINISTRO Y LOGÍSTICA

La gestión de la cadena de suministro y logística es uno de los aspectos más importantes en el éxito de cualquier empresa. Se refiere a la planificación, coordinación y control de las actividades relacionadas con la obtención, fabricación y entrega de productos o servicios a los clientes. En este capítulo, exploraremos los conceptos clave de la gestión de la cadena de suministro y logística, incluyendo la planificación de la demanda, la gestión de inventario, la logística de entrada y salida y la optimización de la cadena de suministro.

Planificación de la demanda:

La planificación de la demanda es el proceso de predecir la cantidad de productos o servicios que los clientes comprarán en el futuro. La precisión de esta predicción es crucial para garantizar que una empresa tenga suficientes productos en stock para satisfacer la demanda del cliente, sin incurrir en costos adicionales de inventario. Para realizar una planificación de la demanda efectiva, las empresas pueden utilizar una variedad de técnicas, incluyendo la recopilación de datos de ventas históricas, la realización de encuestas de opinión de los clientes y el análisis de tendencias de mercado.

Gestión de inventario:

La gestión de inventario es el proceso de administrar el inventario de una empresa para garantizar que haya suficientes productos en stock para satisfacer la demanda del cliente, sin incurrir en costos innecesarios de almacenamiento y gestión. La gestión de inventario efectiva requiere una combinación de técnicas de planificación de la demanda, pronóstico y gestión de la cadena de suministro. Las empresas pueden utilizar una variedad de herramientas y tecnologías para optimizar su gestión de inventario, incluyendo software de gestión de inventario, análisis de datos y sistemas de seguimiento de inventario en tiempo real.

Logística de entrada:

La logística de entrada se refiere al proceso de recibir y administrar los materiales y componentes necesarios para la producción de productos o servicios. La logística de entrada efectiva es esencial para garantizar que los productos se produzcan y se entreguen a tiempo y a un costo razonable. Las empresas pueden optimizar su logística de entrada mediante la implementación de sistemas de planificación de la producción, el seguimiento de la cadena de suministro y la colaboración con los proveedores para mejorar la eficiencia.

Logística de salida:

La logística de salida se refiere al proceso de administrar y entregar productos o servicios a los clientes finales. La logística de salida efectiva es esencial para garantizar que los productos se entreguen a tiempo y en buen estado, lo que puede tener un impacto significativo en la satisfacción del cliente y la lealtad a la marca. Las empresas pueden optimizar su logística de salida mediante la implementación de sistemas de seguimiento de envío en tiempo real, la colaboración con socios logísticos y el uso de tecnología de la información para mejorar la visibilidad y la eficiencia de la cadena de suministro.

Optimización de la cadena de suministro:

La optimización de la cadena de suministro es el proceso de identificar y eliminar ineficiencias y redundancias en la cadena de suministro de una empresa. La optimización de la cadena de suministro puede mejorar significativamente la eficiencia, reducir los costos y mejorar la satisfacción del cliente. Las empresas pueden optimizar su cadena de suministro mediante la implementación de tecnología de la información, como el uso de sistemas de gestión de la cadena de suministro y análisis de datos. También pueden colaborar con proveedores y socios logísticos para mejorar la eficiencia y la transparencia en la cadena de suministro.

Además, la optimización de la cadena de suministro puede implicar la reorganización de procesos y la eliminación de cuellos de botella, lo que puede mejorar la eficiencia en toda la cadena de suministro. Por ejemplo, una empresa podría utilizar técnicas lean para identificar y eliminar el desperdicio en la producción y la entrega de productos.

Otra estrategia común para la optimización de la cadena de suministro es la externalización de actividades no esenciales. Por ejemplo, una empresa puede externalizar la logística de entrada o la gestión de inventario a un tercero especializado, lo que permite a la empresa centrarse en sus competencias principales y reducir los costos.

La optimización de la cadena de suministro también puede implicar la mejora de la colaboración y la comunicación en toda la cadena de suministro. Las empresas pueden trabajar con proveedores y socios logísticos para mejorar la visibilidad y la transparencia en la cadena de suministro, lo que puede ayudar a prevenir problemas y retrasos en la entrega de productos.

Conclusión:

En resumen, la gestión de la cadena de suministro y logística es un aspecto clave del éxito empresarial. La planificación de la demanda, la gestión de inventario, la logística de entrada y salida y la optimización de la cadena de suministro son aspectos fundamentales de la gestión de la cadena de suministro y logística. Las empresas pueden utilizar una variedad de herramientas y técnicas para mejorar su gestión de la cadena de suministro, incluyendo el uso de tecnología de la información, la colaboración con proveedores y socios logísticos y la implementación de estrategias de optimización de la cadena de suministro. Al enfocarse en la gestión de la cadena de suministro y logística, las empresas pueden mejorar la eficiencia, reducir los costos y mejorar la satisfacción del cliente.

DISEÑO DE INSTALACIONES Y DISTRIBUCIÓN DE PLANTAS

El diseño de instalaciones y la distribución de plantas son fundamentales en el éxito de cualquier empresa. La forma en que se organizan las áreas de producción, la ubicación de los equipos y la eficiencia de los procesos tienen un impacto directo en la calidad de los productos, los tiempos de entrega y los costos operativos.

Este capítulo aborda los principales conceptos y estrategias relacionados con el diseño de instalaciones y la distribución de plantas, con un enfoque en la optimización de los recursos y la mejora continua de los procesos.

Diseño de instalaciones:

El diseño de instalaciones es el proceso de planificación y configuración de los espacios físicos donde se llevan a cabo las actividades productivas. Incluye la ubicación de las áreas de producción, los equipos, las materias primas y los productos terminados, así como la definición de los flujos de trabajo y la organización del espacio.

Uno de los principales objetivos del diseño de instalaciones es optimizar el uso de los recursos, lo que implica maximizar la eficiencia y la productividad de los procesos productivos, minimizar los tiempos de producción y reducir los costos operativos. Para lograr esto, es necesario considerar una serie de factores, como el tamaño y la forma de los espacios, la ubicación de los equipos y las áreas de almacenamiento, la disposición de las instalaciones eléctricas, hidráulicas y de ventilación, entre otros.

La eficiencia en el diseño de instalaciones puede mejorar significativamente los procesos de producción. Por ejemplo, una correcta planificación de las áreas de trabajo puede reducir los tiempos de traslado de materiales y productos, lo que se traduce en una mayor eficiencia y productividad. Asimismo, la disposición de los equipos de producción puede facilitar la realización de tareas y minimizar el riesgo de accidentes laborales.

Otro aspecto importante del diseño de instalaciones es la capacidad de adaptación. Es necesario que las instalaciones sean flexibles y puedan ser adaptadas a las necesidades cambiantes de la empresa, en función de los cambios en la demanda, la introducción de nuevos productos o la adopción de nuevas tecnologías.

Distribución de plantas:

La distribución de plantas es el proceso de organización y disposición de las áreas de producción dentro de una planta industrial. La finalidad de la distribución de plantas es lograr una eficiente interacción entre los recursos disponibles y los procesos productivos.

El objetivo principal de la distribución de plantas es reducir los costos y mejorar la eficiencia de la producción. Para lograr esto, es necesario considerar una serie de factores, como la ubicación de los equipos, la disposición de las áreas de almacenamiento, la organización del flujo de trabajo y la planificación del espacio.

La distribución de plantas también puede tener un impacto en la calidad de los productos y la satisfacción del cliente. Una correcta disposición de las áreas de trabajo puede reducir los tiempos de producción, lo que permite entregar los productos en menor tiempo y con una mayor calidad.

Existen varios enfoques para la distribución de plantas, entre ellos, el enfoque por proceso, que se enfoca en agrupar las actividades por función, y el enfoque por producto, que agrupa las actividades de producción en torno a los productos que se fabrican. También existe un enfoque híbrido, que combina ambos enfoques para obtener los beneficios de cada uno.

El enfoque por proceso se utiliza cuando se producen diferentes productos utilizando los mismos equipos y procesos. En este caso, las áreas de producción se agrupan en función de la actividad que se realiza, como el mecanizado, el ensamblaje o el acabado. Este enfoque permite maximizar la eficiencia de los procesos, ya que se puede utilizar un mismo equipo para producir diferentes productos.

El enfoque por producto, por otro lado, se utiliza cuando se producen productos diferentes que requieren procesos y equipos específicos. En este caso, las áreas de producción se organizan en función de los productos que se fabrican. Este enfoque permite optimizar la producción de cada producto, ya que se pueden adaptar los procesos y equipos específicos para cada producto.

El enfoque híbrido combina ambos enfoques para obtener los beneficios de cada uno. En este caso, se agrupan las áreas de producción en función de los procesos, pero se adaptan a las necesidades específicas de cada producto.

Factores a considerar en el diseño de instalaciones y distribución de plantas:

Al diseñar instalaciones y distribuir plantas, es necesario considerar una serie de factores que tienen un impacto directo en la eficiencia de los procesos y la rentabilidad de la empresa. Algunos de los factores más importantes a considerar son:

La capacidad de producción: Es necesario determinar la capacidad de producción de las instalaciones para asegurarse de que sean suficientes para cumplir con la demanda actual y futura.

Los flujos de trabajo: Es necesario analizar los flujos de trabajo para asegurarse de que los procesos se realicen de manera eficiente y sin interrupciones.

La seguridad: Es necesario garantizar la seguridad de los trabajadores y la integridad de los equipos, mediante la implementación de medidas de seguridad adecuadas.

La ergonomía: Es necesario considerar la ergonomía en el diseño de las instalaciones y la distribución de plantas para evitar lesiones o fatiga en los trabajadores.

La eficiencia energética: Es necesario considerar la eficiencia energética en el diseño de las instalaciones y la distribución de plantas para reducir los costos operativos.

La flexibilidad: Es necesario asegurarse de que las instalaciones sean flexibles y puedan ser adaptadas a las necesidades cambiantes de la empresa.

Estrategias para la mejora continua en el diseño de instalaciones y distribución de plantas:

La mejora continua en el diseño de instalaciones y distribución de plantas es fundamental para mantener la eficiencia y la rentabilidad de la empresa. Algunas estrategias para la mejora continua en el diseño de instalaciones y distribución de plantas son:

La implementación de sistemas de gestión de calidad: La implementación de sistemas de gestión de calidad, como ISO 9001, puede ayudar a la empresa a identificar oportunidades de mejora en el diseño de instalaciones y distribución de plantas.

La evaluación periódica de las instalaciones: Es necesario realizar evaluaciones periódicas de las instalaciones para identificar oportunidades de mejora en la distribución de plantas, los flujos de trabajo, la seguridad y la eficiencia energética.

La actualización de tecnologías: La actualización de tecnologías puede ayudar a mejorar la eficiencia de los procesos y reducir los costos operativos en el diseño de instalaciones y distribución de plantas.

La formación y capacitación de los trabajadores: Es necesario asegurarse de que los trabajadores estén capacitados para utilizar las instalaciones de manera eficiente y segura, mediante la formación y capacitación continua.

La implementación de procesos de mejora continua: La implementación de procesos de mejora continua, como Lean Manufacturing o Six Sigma, puede ayudar a identificar y eliminar desperdicios en los procesos de producción y mejorar la eficiencia en el diseño de instalaciones y distribución de plantas.

La colaboración con proveedores y clientes: La colaboración con proveedores y clientes puede ayudar a identificar oportunidades de mejora en el diseño de instalaciones y distribución de plantas, y mejorar la eficiencia en toda la cadena de suministro.

Conclusiones:

El diseño de instalaciones y distribución de plantas es fundamental para mantener la eficiencia y la rentabilidad de la empresa. Al diseñar instalaciones y distribuir plantas, es necesario considerar una serie de factores que tienen un impacto directo en la eficiencia de los procesos y la rentabilidad de la empresa, como la capacidad de producción, los flujos de trabajo, la seguridad, la ergonomía, la eficiencia energética y la flexibilidad.

La mejora continua en el diseño de instalaciones y distribución de plantas es fundamental para mantener la eficiencia y la rentabilidad de la empresa. Algunas estrategias para la mejora continua en el diseño de instalaciones y distribución de plantas son la implementación de sistemas de gestión de calidad, la evaluación periódica de las instalaciones, la actualización de tecnologías, la formación y capacitación de los trabajadores, la implementación de procesos de mejora continua y la colaboración con proveedores y clientes.

En resumen, el diseño de instalaciones y distribución de plantas es una tarea crítica para la eficiencia y rentabilidad de la empresa. Al considerar los factores mencionados y aplicar estrategias de mejora continua, las empresas pueden mejorar significativamente la eficiencia de sus procesos y reducir sus costos operativos, lo que se traduce en una ventaja competitiva en el mercado.

PLANIFICACIÓN Y PROGRAMACIÓN DE LA PRODUCCIÓN

El capítulo de Planificación y programación de la producción es uno de los temas más importantes en la gestión de la producción, ya que se encarga de establecer los procesos necesarios para lograr la eficiencia y eficacia en la producción de bienes y servicios. En este capítulo, se abordan los aspectos más relevantes de la planificación y programación de la producción, su importancia en la gestión empresarial, los métodos y herramientas utilizados, así como los factores que influyen en su desarrollo y su aplicación.

Importancia de la planificación y programación de la producción

La planificación y programación de la producción es esencial para la gestión eficiente de la producción. Su objetivo es asegurar que los recursos estén disponibles en el momento en que se necesiten para producir los bienes y servicios requeridos en la cantidad y calidad adecuadas, al menor costo posible. De esta manera, se logra mejorar la rentabilidad y la competitividad de la empresa.

La planificación y programación de la producción es un proceso continuo que comienza con la definición de los objetivos y metas de la empresa, y se extiende hasta la programación detallada de la producción en el corto plazo. Los objetivos a largo plazo incluyen la definición de la estrategia de producción, la identificación de los mercados y clientes a los que se dirige la empresa, la definición de los productos y servicios que se ofrecen, la identificación de los recursos necesarios y la planificación de la capacidad de producción.

En el corto plazo, la planificación y programación de la producción implica la programación detallada de la producción diaria o semanal, la asignación de recursos a las tareas de producción, el seguimiento y control de la producción y la resolución de problemas y desviaciones.

Métodos y herramientas de planificación y programación de la producción

Existen diversos métodos y herramientas para la planificación y programación de la producción, que se seleccionan en función de las características y necesidades de la empresa y de la producción. Algunos de los métodos y herramientas más utilizados son los siguientes:

Planificación de la capacidad: Este método consiste en la evaluación de la capacidad de producción disponible y la identificación de los recursos necesarios para cumplir con los objetivos de producción establecidos. Esto permite a la empresa planificar la inversión en recursos necesarios para aumentar la capacidad de producción y mejorar la eficiencia.

Programación de la producción: Esta herramienta permite la asignación de recursos a las tareas de producción y la definición de las fechas de inicio y finalización de las actividades. La programación de la producción se realiza a través de herramientas informáticas, como sistemas de gestión de la producción (ERP) y herramientas de programación avanzada.

Control de la producción: El control de la producción implica el seguimiento y monitoreo del progreso de la producción y la identificación de desviaciones y problemas. Para ello, se utilizan herramientas de seguimiento y control de la producción, como el análisis de indicadores de rendimiento (KPI), sistemas de gestión de la calidad y sistemas de control estadístico del proceso (SPC).

Factores que influyen en la planificación y programación de la producción

La planificación y programación de la producción puede verse afectada por diversos factores que influyen en su desarrollo y aplicación. Algunos de estos factores son los siguientes:

La demanda del mercado: La demanda del mercado es un factor crítico que afecta la planificación y programación de la producción. Si la demanda del mercado es alta, la empresa debe planificar y programar su producción de manera eficiente para asegurarse de que puede satisfacer las necesidades del mercado en el menor tiempo posible. Por otro lado, si la demanda es baja, la empresa debe planificar y programar su producción de manera que no genere excesos de inventario que puedan resultar en costos innecesarios.

La disponibilidad de recursos: La disponibilidad de recursos, como materiales, maquinaria y personal, puede influir en la planificación y programación de la producción. Si los recursos no están disponibles en el momento en que se necesitan, puede generar retrasos en la producción y afectar la capacidad de la empresa para cumplir con sus compromisos de entrega.

Las limitaciones técnicas: Las limitaciones técnicas pueden influir en la planificación y programación de la producción. Por ejemplo, si la maquinaria no puede producir una cierta cantidad de bienes en un determinado tiempo, la empresa debe ajustar su plan de producción en consecuencia.

La estacionalidad: La estacionalidad es un factor importante que influye en la planificación y programación de la producción. Por ejemplo, una empresa que produce juguetes puede tener una demanda muy alta durante la temporada navideña, y una demanda muy baja durante el resto del año. La empresa debe planificar y programar su producción para poder satisfacer la demanda durante los periodos de alta demanda y evitar excesos de inventario durante los periodos de baja demanda.

La competencia: La competencia es un factor importante que influye en la planificación y programación de la producción. Si la competencia ofrece productos similares a precios más bajos, la empresa debe planificar y programar su producción de manera que pueda competir en términos de precio y calidad.

En resumen, la planificación y programación de la producción es un proceso fundamental en la gestión empresarial, ya que permite la optimización de los recursos y la mejora de la eficiencia y eficacia en la producción de bienes y servicios. Para lograr una planificación y programación efectiva, se deben considerar diversos factores que pueden afectar el proceso, y utilizar herramientas y métodos apropiados que permitan una gestión eficiente y efectiva de la producción.

GESTIÓN DE INVENTARIOS Y ALMACENES

La gestión de inventarios y almacenes es una de las actividades más importantes dentro de cualquier empresa que se dedique a la venta de productos. Los inventarios representan una inversión significativa para la empresa y una gestión adecuada puede maximizar los beneficios y minimizar las pérdidas. La gestión de almacenes es el proceso de administrar y organizar los productos almacenados en un lugar determinado. En este capítulo, se discutirán las principales estrategias para la gestión de inventarios y almacenes.

Estrategias de gestión de inventarios

La gestión de inventarios es el proceso de controlar el flujo de productos en una empresa. Es importante asegurarse de que los productos estén disponibles para los clientes en el momento adecuado y en la cantidad correcta. A continuación, se describen las principales estrategias para la gestión de inventarios.

Justo a tiempo (JIT)

La estrategia JIT implica tener el inventario justo cuando se necesita. Esto significa que la empresa no mantiene grandes cantidades de inventario en stock, lo que reduce el costo de almacenamiento. La estrategia JIT puede ser muy efectiva para empresas que producen productos de alta demanda, ya que minimiza el costo de inventario sin sacrificar la capacidad de producción. Sin embargo, esta estrategia es muy dependiente de la capacidad del proveedor para entregar los productos a tiempo, lo que puede ser un riesgo.

Máximo-minimo

La estrategia de máximo-minimo se basa en establecer una cantidad máxima y mínima de inventario que se debe mantener. Cuando el inventario llega al punto mínimo, se realiza un pedido de reabastecimiento. Esta estrategia es útil para productos que tienen una demanda estable, ya que permite mantener un inventario mínimo sin arriesgarse a quedarse sin productos. Sin embargo, esta estrategia puede llevar a un exceso de inventario si no se establecen los niveles adecuados.

ABC

La estrategia ABC se basa en clasificar los productos en tres categorías: A, B y C. Los productos A son aquellos que tienen alta demanda y representan una gran parte de las ventas de la empresa. Los productos B tienen una demanda moderada y los productos C tienen una demanda baja. La empresa puede aplicar diferentes estrategias para la gestión de inventarios de cada categoría. Por ejemplo, los productos A pueden tener un mayor nivel de inventario que los productos B y C. Esta estrategia permite a la empresa concentrarse en los productos más importantes y evitar el exceso de inventario de productos de baja demanda.

Estrategias de gestión de almacenes

La gestión de almacenes es el proceso de organizar los productos almacenados en un lugar determinado. Una buena gestión de almacenes puede mejorar la eficiencia y reducir los costos de almacenamiento. A continuación, se describen las principales estrategias para la gestión de almacenes.

Almacenamiento por ubicación fija

La estrategia de almacenamiento por ubicación fija implica asignar un lugar específico para cada producto en el almacén. Esto permite una gestión más eficiente del inventario y reduce el tiempo necesario para encontrar un producto. Además, esta estrategia puede ser muy útil para las empresas que tienen un gran número de productos diferentes.

Almacenamiento por ubicación aleatoria

La estrategia de almacenamiento por ubicación aleatoria implica no asignar un lugar específico para cada producto en el almacén. En cambio, los productos se colocan en cualquier lugar disponible en el momento en que llegan al almacén. Esta estrategia puede ser muy efectiva para las empresas que tienen una alta rotación de productos, ya que reduce el tiempo necesario para encontrar un producto específico. Sin embargo, esta estrategia puede ser más difícil de administrar si la empresa tiene una gran cantidad de productos diferentes.

Cross-docking

La estrategia de cross-docking implica recibir los productos y enviarlos directamente a los clientes sin almacenarlos en el almacén. Esta estrategia puede ser muy efectiva para empresas que tienen una alta rotación de productos y un sistema de distribución eficiente. Sin embargo, esta estrategia requiere una planificación cuidadosa y una coordinación eficiente entre los proveedores y los clientes.

Almacenamiento por temperatura

La estrategia de almacenamiento por temperatura implica almacenar los productos a diferentes temperaturas según sus requisitos específicos. Por ejemplo, los productos perecederos pueden requerir un almacenamiento en frío, mientras que los productos electrónicos pueden requerir un almacenamiento en seco y con temperatura controlada. Esta estrategia puede ser muy efectiva para empresas que venden una amplia variedad de productos con diferentes requisitos de almacenamiento.

Almacenamiento automatizado

La estrategia de almacenamiento automatizado implica el uso de sistemas automatizados para almacenar y recuperar los productos en el almacén. Estos sistemas pueden incluir robots, transportadores y sistemas de control de inventario automatizados. Esta estrategia puede mejorar la eficiencia y la precisión del proceso de gestión de almacenes, pero requiere una inversión significativa en tecnología y capacitación.

Conclusión

La gestión de inventarios y almacenes es una actividad crítica para cualquier empresa que se dedique a la venta de productos. Una gestión adecuada de inventarios puede maximizar los beneficios y minimizar las pérdidas, mientras que una gestión adecuada de almacenes puede mejorar la eficiencia y reducir los costos de almacenamiento. Las estrategias de gestión de inventarios y almacenes descritas en este capítulo pueden ayudar a las empresas a optimizar su gestión de inventarios y almacenes de acuerdo con sus necesidades y requisitos específicos.

Es importante que las empresas evalúen cuidadosamente estas estrategias y elijan las que mejor se adapten a sus operaciones y objetivos comerciales.

INGENIERÍA DE MÉTODOS Y TIEMPOS

La ingeniería de métodos y tiempos es una disciplina que se enfoca en la mejora de los procesos productivos a través de la identificación y eliminación de actividades innecesarias y la optimización de las tareas necesarias para la realización de una actividad o proyecto. En este capítulo, se explicará en detalle en qué consiste la ingeniería de métodos y tiempos, sus objetivos, sus principales técnicas y herramientas, así como su importancia en la gestión de procesos productivos y la mejora continua de las organizaciones.

Definición de ingeniería de métodos y tiempos

La ingeniería de métodos y tiempos se define como una disciplina que tiene como objetivo principal la mejora de los procesos productivos a través de la identificación y eliminación de actividades innecesarias y la optimización de las tareas necesarias para la realización de una actividad o proyecto. Esta disciplina se enfoca en la gestión de la eficiencia, la reducción de los costos y la eliminación de los desperdicios en los procesos productivos.

La ingeniería de métodos y tiempos se basa en el estudio sistemático de los procesos productivos, con el fin de identificar y eliminar todas aquellas actividades que no aportan valor, y optimizar las actividades que sí lo hacen. Para ello, se utilizan técnicas y herramientas específicas, que permiten la medición, análisis y mejora de los procesos productivos.

Objetivos de la ingeniería de métodos y tiempos

Los objetivos de la ingeniería de métodos y tiempos son los siguientes:

Mejora de la eficiencia: La ingeniería de métodos y tiempos tiene como objetivo principal mejorar la eficiencia de los procesos productivos, reduciendo el tiempo necesario para la realización de una actividad o proyecto.

Reducción de los costos: La mejora de la eficiencia permite reducir los costos asociados a la realización de una actividad o proyecto, ya que se eliminan las actividades innecesarias y se optimizan las tareas necesarias.

Eliminación de los desperdicios: La ingeniería de métodos y tiempos tiene como objetivo la eliminación de los desperdicios en los procesos productivos, lo que se traduce en una reducción de los costos y una mejora de la calidad del producto o servicio.

Mejora de la calidad: La mejora de la eficiencia y la eliminación de los desperdicios permiten mejorar la calidad del producto o servicio, ya que se eliminan los errores y se optimiza la realización de las tareas necesarias.

Técnicas y herramientas de la ingeniería de métodos y tiempos

Las principales técnicas y herramientas utilizadas en la ingeniería de métodos y tiempos son las siguientes:

Diagramas de flujo: Los diagramas de flujo permiten representar gráficamente los procesos productivos, identificando las actividades necesarias y la relación entre ellas. Estos diagramas son útiles para identificar las actividades innecesarias y optimizar las tareas necesarias.

Análisis de procesos: El análisis de procesos permite identificar y eliminar todas aquellas actividades que no aportan valor, y optimizar las tareas necesarias. Este análisis se realiza a través de la observación directa del proceso productivo y la recopilación de datos relevantes, como el tiempo que se tarda en realizar cada actividad.

Estudio de tiempos y movimientos: El estudio de tiempos y movimientos es una técnica que permite medir el tiempo necesario para realizar una tarea o actividad, identificando los movimientos necesarios y eliminando aquellos que no aportan valor. Esta técnica es útil para mejorar la eficiencia y reducir los costos asociados a la realización de una actividad o proyecto.

Balance de línea: El balance de línea es una técnica que permite distribuir de manera óptima las tareas necesarias para la realización de un proyecto o actividad, con el fin de maximizar la eficiencia y reducir los costos. Esta técnica es especialmente útil en los procesos productivos en cadena, donde cada tarea depende de la realización de la anterior.

Mejora continua: La mejora continua es una filosofía que se enfoca en la búsqueda constante de la mejora de los procesos productivos, mediante la identificación y eliminación de las actividades innecesarias y la optimización de las tareas necesarias. Esta filosofía se basa en la creencia de que siempre es posible mejorar, y que la mejora continua es esencial para la supervivencia y el crecimiento de las organizaciones.

Importancia de la ingeniería de métodos y tiempos

La ingeniería de métodos y tiempos es esencial para la gestión de procesos productivos y la mejora continua de las organizaciones, ya que permite identificar y eliminar todas aquellas actividades que no aportan valor, y optimizar las tareas necesarias. Algunas de las razones por las que la ingeniería de métodos y tiempos es importante son las siguientes:

Reducción de los costos: La mejora de la eficiencia y la eliminación de los desperdicios permiten reducir los costos asociados a la realización de una actividad o proyecto, lo que se traduce en un aumento de la rentabilidad de la organización.

Mejora de la calidad: La mejora de la eficiencia y la eliminación de los errores permiten mejorar la calidad del producto o servicio, lo que se traduce en una mayor satisfacción del cliente y en una mejora de la reputación de la organización.

Mayor flexibilidad: La optimización de los procesos productivos permite una mayor flexibilidad en la gestión de la producción, lo que permite adaptarse a las necesidades del mercado y a los cambios en la demanda.

Mayor competitividad: La mejora de la eficiencia y la reducción de los costos permiten una mayor competitividad en el mercado, lo que se traduce en una mayor cuota de mercado y en un aumento de los beneficios de la organización.

Conclusiones

En conclusión, la ingeniería de métodos y tiempos es una disciplina esencial para la gestión de procesos productivos y la mejora continua de las organizaciones. Esta disciplina permite identificar y eliminar todas aquellas actividades que no aportan valor, y optimizar las tareas necesarias para la realización de una actividad o proyecto. Las técnicas y herramientas utilizadas en la ingeniería de métodos y tiempos, como los diagramas de flujo, el análisis de procesos, el estudio de tiempos y movimientos, el balance de línea y la mejora continua, son esenciales para la mejora de la eficiencia, la reducción de los costos, la mejora de la calidad y la competitividad de las organizaciones.

Es importante destacar que la ingeniería de métodos y tiempos no es una técnica que se utilice únicamente en la industria manufacturera, sino que también es aplicable en otros ámbitos, como la gestión de proyectos, la logística, la atención al cliente, entre otros. En cualquier actividad en la que se deba realizar una tarea, se puede aplicar la ingeniería de métodos y tiempos para mejorar su eficiencia y reducir los costos asociados.

En definitiva, la ingeniería de métodos y tiempos es una disciplina que aporta grandes beneficios a las organizaciones, permitiendo la mejora de los procesos productivos, la reducción de los costos y la mejora de la calidad, lo que se traduce en una mayor satisfacción del cliente y en una mayor competitividad en el mercado. Por ello, es esencial que las organizaciones inviertan en la formación y capacitación de sus equipos en esta disciplina, para poder aprovechar todo su potencial y seguir creciendo y mejorando en el futuro.

ERGONOMÍA Y SEGURIDAD LABORAL

La ergonomía y la seguridad laboral son dos áreas fundamentales en el ambiente laboral. La ergonomía se encarga de estudiar la relación entre el trabajador y su entorno de trabajo, con el objetivo de mejorar la eficiencia, productividad y calidad de vida del trabajador. Por otro lado, la seguridad laboral se enfoca en identificar, evaluar y controlar los riesgos que pueden afectar la salud y seguridad de los trabajadores.

En este capítulo se abordarán los principales aspectos relacionados con la ergonomía y la seguridad laboral. Se revisarán los conceptos básicos de la ergonomía, así como las principales técnicas y herramientas que se utilizan para su aplicación en el lugar de trabajo. Asimismo, se analizarán las principales normas y regulaciones relacionadas con la seguridad laboral, y se discutirán las principales estrategias para la prevención y control de riesgos laborales.

Ergonomía en el lugar de trabajo

La ergonomía es una disciplina que se encarga de estudiar la relación entre el trabajador y su entorno de trabajo, con el objetivo de optimizar el bienestar del trabajador, aumentar la eficiencia y productividad, y reducir el riesgo de lesiones y enfermedades laborales.

El primer paso para aplicar la ergonomía en el lugar de trabajo es realizar un análisis detallado de las tareas y actividades que se realizan en la empresa. Esto incluye la observación de los trabajadores en su entorno de trabajo, así como la evaluación de los equipos, herramientas y mobiliario que se utilizan.

Una vez que se ha realizado el análisis, se pueden aplicar las siguientes técnicas y herramientas de ergonomía en el lugar de trabajo:

Diseño ergonómico del puesto de trabajo: El diseño ergonómico del puesto de trabajo implica adaptar el entorno laboral al trabajador, con el objetivo de minimizar los riesgos de lesiones y enfermedades laborales. Esto incluye la selección de muebles y equipos ergonómicos, la optimización de la iluminación y la temperatura, y la adaptación del espacio de trabajo para que se ajuste a las necesidades del trabajador.

Evaluación de la carga de trabajo: La evaluación de la carga de trabajo implica identificar las tareas y actividades que requieren mayor esfuerzo físico o mental, con el objetivo de diseñar un entorno laboral que reduzca la fatiga y el estrés en el trabajador.

Análisis biomecánico: El análisis biomecánico implica evaluar la forma en que el cuerpo humano se mueve y se esfuerza en diferentes situaciones laborales, con el objetivo de diseñar un entorno laboral que minimice el riesgo de lesiones musculoesqueléticas.

Análisis de la postura: El análisis de la postura implica evaluar la forma en que el trabajador se sienta, se para o se mueve en el entorno laboral, con el objetivo de diseñar un entorno laboral que promueva una postura saludable y reduzca el riesgo de lesiones musculoesqueléticas.

Entrenamiento en ergonomía: El entrenamiento en ergonomía implica educar a los trabajadores sobre los principios básicos de la ergonomía, con el objetivo de fomentar una cultura de trabajo saludable y prevenir lesiones laborales. Los trabajadores pueden aprender sobre la importancia de la postura adecuada, cómo ajustar la altura del escritorio y la silla, cómo utilizar equipos ergonómicos y cómo hacer pausas para estirar y descansar.

Normas y regulaciones de seguridad laboral

La seguridad laboral es una disciplina que se encarga de identificar, evaluar y controlar los riesgos que pueden afectar la salud y seguridad de los trabajadores. Para ello, existen diversas normas y regulaciones que establecen las obligaciones y responsabilidades de los empleadores y los trabajadores en materia de seguridad laboral.

Entre las normas y regulaciones más importantes de seguridad laboral se encuentran:

Reglamento de Salud y Seguridad en el Trabajo: Este reglamento establece las obligaciones y responsabilidades de los empleadores y los trabajadores en materia de seguridad laboral. Asimismo, establece los criterios para la identificación, evaluación y control de los riesgos laborales.

Reglamento de Seguridad y Salud en el Trabajo: Este reglamento establece las disposiciones para la prevención de accidentes y enfermedades laborales. Asimismo, establece los procedimientos y criterios para la evaluación de los riesgos laborales y la implementación de medidas preventivas.

Estrategias de prevención y control de riesgos laborales

La prevención y el control de los riesgos laborales son fundamentales para garantizar un ambiente de trabajo saludable y seguro. Para ello, existen diversas estrategias que pueden ser implementadas por los empleadores y los trabajadores, entre ellas:

Evaluación y gestión de riesgos: La evaluación y gestión de riesgos implica la identificación de los riesgos laborales, la evaluación de su probabilidad de ocurrencia y su gravedad, y la implementación de medidas preventivas para minimizar o eliminar estos riesgos.

Formación y entrenamiento: La formación y el entrenamiento de los trabajadores en materia de seguridad laboral es fundamental para promover una cultura de trabajo seguro. Los trabajadores deben estar capacitados en el uso de equipos de protección personal, en la identificación de riesgos laborales y en la implementación de medidas preventivas.

Implementación de medidas de seguridad: Las medidas de seguridad son aquellas medidas técnicas o administrativas que se implementan para reducir o eliminar los riesgos laborales. Estas medidas pueden incluir la instalación de equipos de protección colectiva, la implementación de procedimientos de trabajo seguro y la utilización de equipos de protección personal.

Inspecciones de seguridad: Las inspecciones de seguridad son una herramienta importante para identificar los riesgos laborales y evaluar la efectividad de las medidas preventivas implementadas. Las inspecciones pueden ser realizadas por los empleadores o por los trabajadores, y deben ser registradas y reportadas para su seguimiento.

Conclusiones

La ergonomía y la seguridad laboral son aspectos fundamentales para garantizar un ambiente de trabajo saludable y seguro. La ergonomía se enfoca en el diseño y adaptación del ambiente de trabajo a las necesidades físicas y psicológicas de los trabajadores, mientras que la seguridad laboral se enfoca en la identificación, evaluación y control de los riesgos que pueden afectar la salud y seguridad de los trabajadores.

Es importante que los empleadores y los trabajadores tomen conciencia de la importancia de la ergonomía y la seguridad laboral, y trabajen juntos para implementar medidas preventivas y garantizar un ambiente de trabajo seguro. Esto implica la identificación y evaluación de los riesgos laborales, la implementación de medidas preventivas, la formación y el entrenamiento de los trabajadores, y la realización de inspecciones de seguridad.

Además, es importante que los empleadores cumplan con las normas y regulaciones de seguridad laboral establecidas por las autoridades competentes. La Ley General de Salud y Seguridad en el Trabajo, las NOM y el Reglamento Federal de Seguridad y Salud en el Trabajo establecen las obligaciones y responsabilidades de los empleadores y los trabajadores en materia de seguridad laboral, y establecen los criterios para la identificación, evaluación y control de los riesgos laborales.

En conclusión, la ergonomía y la seguridad laboral son aspectos fundamentales para garantizar un ambiente de trabajo saludable y seguro. Los empleadores y los trabajadores deben trabajar juntos para implementar medidas preventivas y garantizar un ambiente de trabajo seguro, y cumplir con las normas y regulaciones de seguridad laboral establecidas por las autoridades competentes.

GESTIÓN DEL MANTENIMIENTO Y FIABILIDAD

La gestión del mantenimiento y la fiabilidad son aspectos críticos para el éxito de cualquier organización. La implementación efectiva de estos procesos puede mejorar la eficiencia operativa, reducir los costos de mantenimiento, aumentar la vida útil de los activos y mejorar la seguridad del personal y de la maquinaria. En este capítulo, exploraremos los conceptos básicos de la gestión del mantenimiento y la fiabilidad, sus beneficios y cómo se pueden implementar en una organización.

Gestión del mantenimiento

La gestión del mantenimiento se refiere a los procesos utilizados para mantener y mejorar la funcionalidad, confiabilidad y seguridad de los equipos y sistemas en una organización. La gestión del mantenimiento se puede dividir en dos categorías principales: mantenimiento correctivo y mantenimiento preventivo.

El mantenimiento correctivo se realiza después de que un equipo o sistema ha fallado. El objetivo principal del mantenimiento correctivo es reparar el equipo o sistema lo más rápido posible para minimizar el tiempo de inactividad. Sin embargo, el mantenimiento correctivo puede ser costoso y puede tener un impacto negativo en la productividad y la rentabilidad de la organización.

El mantenimiento preventivo, por otro lado, se realiza antes de que se produzca una falla en el equipo o sistema. El objetivo principal del mantenimiento preventivo es evitar las fallas en el equipo o sistema y minimizar el tiempo de inactividad. El mantenimiento preventivo se puede dividir en dos categorías: mantenimiento basado en el tiempo y mantenimiento basado en la condición.

El mantenimiento basado en el tiempo se realiza en intervalos regulares, independientemente del estado del equipo o sistema. Este tipo de mantenimiento es útil para equipos y sistemas que tienen un ciclo de vida predecible, como cambiar el aceite de un automóvil cada cierto número de kilómetros.

El mantenimiento basado en la condición, por otro lado, se realiza cuando el equipo o sistema alcanza un cierto nivel de degradación o cuando se detecta una anomalía. Este tipo de mantenimiento se basa en la monitorización continua de los equipos y sistemas para identificar problemas antes de que se produzcan fallas.

Fiabilidad

La fiabilidad se refiere a la capacidad de un equipo o sistema para funcionar de manera continua y sin fallas durante un período de tiempo determinado. La fiabilidad es un aspecto crítico de cualquier equipo o sistema, especialmente en entornos de alta seguridad y de misión crítica. La fiabilidad se puede mejorar mediante la implementación de procesos de gestión del mantenimiento y la aplicación de técnicas de análisis de fiabilidad.

La tasa de fallas es una medida común de la fiabilidad. La tasa de fallas se refiere a la frecuencia con la que se producen fallas en un equipo o sistema durante un período de tiempo determinado. La tasa de fallas se puede reducir mediante la implementación de procesos de mantenimiento preventivo, el uso de materiales de alta calidad y la mejora del diseño del equipo o sistema.

El tiempo medio entre fallas (MTBF, por sus siglas en inglés) es otra medida común de la fiabilidad. El MTBF se refiere al tiempo promedio entre dos fallas consecutivas en un equipo o sistema. El MTBF se puede aumentar mediante la mejora del diseño del equipo o sistema, el uso de materiales de alta calidad y la implementación de procesos de mantenimiento preventivo.

Otro aspecto importante de la fiabilidad es la disponibilidad. La disponibilidad se refiere al tiempo durante el cual un equipo o sistema está disponible y en funcionamiento. La disponibilidad se puede mejorar mediante la implementación de procesos de mantenimiento preventivo, la reducción del tiempo de reparación y la mejora del diseño del equipo o sistema.

Implementación de la gestión del mantenimiento y la fiabilidad

La implementación efectiva de la gestión del mantenimiento y la fiabilidad puede mejorar significativamente la eficiencia operativa, reducir los costos de mantenimiento y mejorar la seguridad del personal y de la maquinaria. Aquí hay algunos pasos clave para implementar con éxito la gestión del mantenimiento y la fiabilidad en una organización:

Evaluar la situación actual: El primer paso en la implementación de la gestión del mantenimiento y la fiabilidad es evaluar la situación actual de la organización. Esto puede incluir la revisión de los registros de mantenimiento existentes, la identificación de los problemas actuales y la evaluación del desempeño del equipo o sistema.

Desarrollar un plan de mantenimiento: Una vez que se ha evaluado la situación actual, es importante desarrollar un plan de mantenimiento que aborde las áreas problemáticas identificadas. El plan de mantenimiento debe incluir una combinación de mantenimiento preventivo y correctivo para minimizar el tiempo de inactividad y mejorar la fiabilidad del equipo o sistema.

Implementar procesos de mantenimiento preventivo: El mantenimiento preventivo es fundamental para mejorar la fiabilidad del equipo o sistema. Se deben implementar procesos de mantenimiento preventivo para asegurar que el equipo o sistema se mantenga en condiciones óptimas.

Utilizar técnicas de análisis de fiabilidad: Las técnicas de análisis de fiabilidad, como el análisis de modo de falla y efecto (AMFE) y el análisis de árbol de fallas (AAF), pueden ayudar a identificar las áreas de mayor riesgo y a desarrollar estrategias de mitigación.

Capacitar al personal: El personal debe estar capacitado en los procesos de mantenimiento y las técnicas de análisis de fiabilidad. Esto garantizará que el personal esté preparado para realizar el mantenimiento preventivo y para identificar problemas potenciales antes de que se produzcan fallas.

Monitorear el desempeño: Una vez implementados los procesos de gestión del mantenimiento y la fiabilidad, es importante monitorear el desempeño del equipo o sistema. Esto puede incluir la monitorización de la tasa de fallas, el MTBF y la disponibilidad.

Beneficios de la gestión del mantenimiento y la fiabilidad

La implementación efectiva de la gestión del mantenimiento y la fiabilidad puede proporcionar una serie de beneficios significativos para una organización. Algunos de estos beneficios incluyen:

Reducción de los costos de mantenimiento: La implementación de procesos de mantenimiento preventivo puede reducir los costos de mantenimiento a largo plazo al minimizar la necesidad de reparaciones costosas y extensas.

Mejora de la eficiencia operativa: La implementación de procesos de mantenimiento preventivo puede mejorar la eficiencia operativa al minimizar el tiempo de inactividad y aumentar la disponibilidad del equipo o sistema.

Aumento de la vida útil de los activos: La implementación de procesos de mantenimiento preventivo puede aumentar la vida útil de los activos al minimizar el desgaste y la fatiga del equipo o sistema.

Mejora de la seguridad: La implementación de procesos de mantenimiento preventivo puede mejorar la seguridad del personal y de la maquinaria al identificar y corregir problemas potenciales antes de que se produzcan fallas.

Mejora de la calidad del producto: La implementación de procesos de mantenimiento preventivo puede mejorar la calidad del producto al reducir la variabilidad en el proceso de producción y minimizar los defectos del producto.

Mejora de la satisfacción del cliente: La mejora de la eficiencia operativa y la calidad del producto puede mejorar la satisfacción del cliente al proporcionar productos de alta calidad en un plazo de entrega más rápido.

Conclusiones

En resumen, la gestión del mantenimiento y la fiabilidad son fundamentales para la eficiencia operativa, la seguridad y la calidad del producto. La implementación efectiva de la gestión del mantenimiento y la fiabilidad puede reducir los costos de mantenimiento, mejorar la eficiencia operativa, aumentar la vida útil de los activos, mejorar la seguridad, mejorar la calidad del producto y mejorar la satisfacción del cliente. Los procesos de mantenimiento preventivo, las técnicas de análisis de fiabilidad y la capacitación del personal son algunos de los aspectos clave de la gestión del mantenimiento y la fiabilidad. Al implementar estos procesos, las organizaciones pueden lograr una mayor confiabilidad y eficiencia operativa en su producción.

TECNOLOGÍAS DE AUTOMATIZACIÓN Y CONTROL

En la actualidad, la tecnología de automatización y control está presente en una gran variedad de industrias, desde la producción manufacturera hasta la gestión de infraestructuras y servicios públicos. Esta tecnología utiliza sistemas de control para automatizar procesos y mejorar la eficiencia, la calidad y la seguridad de los productos y servicios que se ofrecen.

En este capítulo, se explorarán las principales tecnologías de automatización y control, así como los beneficios y desafíos que presentan. Además, se examinarán los diferentes tipos de sistemas de control, desde los sistemas de control basados en relés hasta los sistemas de control programables más avanzados.

Tecnologías de Automatización y Control

Las tecnologías de automatización y control incluyen una amplia gama de herramientas y sistemas diseñados para mejorar la eficiencia, la calidad y la seguridad de los procesos industriales. Estas tecnologías se utilizan en una variedad de industrias, desde la fabricación hasta la gestión de infraestructuras y servicios públicos.

Algunas de las principales tecnologías de automatización y control incluyen:

Control Numérico Computarizado (CNC)

El Control Numérico Computarizado (CNC) es un sistema de automatización utilizado en la producción manufacturera para controlar máquinas herramienta mediante el uso de programas de software. Los programas de software CNC permiten a los usuarios definir las herramientas y los movimientos que se deben realizar en la pieza de trabajo.

El CNC es ampliamente utilizado en la producción de piezas de alta precisión, como componentes para la industria aeroespacial y médica.

Robótica

La robótica es una tecnología de automatización que utiliza robots para realizar tareas en una variedad de entornos industriales. Los robots pueden ser programados para realizar tareas repetitivas y peligrosas, lo que aumenta la seguridad de los trabajadores y mejora la eficiencia del proceso.

La robótica se utiliza en una amplia gama de industrias, desde la fabricación hasta la logística y la atención médica.

Sistemas de Control de Procesos

Los sistemas de control de procesos son herramientas de automatización que se utilizan para controlar y supervisar los procesos industriales en tiempo real. Estos sistemas utilizan sensores y controladores para medir y ajustar los parámetros del proceso, como la temperatura, la presión y el flujo.

Los sistemas de control de procesos se utilizan en una amplia gama de industrias, desde la producción química hasta la fabricación de alimentos y bebidas.

Sistemas de Control de Calidad

Los sistemas de control de calidad son herramientas de automatización que se utilizan para garantizar que los productos y servicios cumplan con los estándares de calidad requeridos. Estos sistemas utilizan técnicas de medición y análisis para detectar y corregir problemas de calidad.

Los sistemas de control de calidad se utilizan en una amplia gama de industrias, desde la fabricación hasta la atención médica y los servicios financieros.

Tipos de Sistemas de Control

Existen varios tipos de sistemas de control utilizados en la tecnología de automatización y control. Estos sistemas se clasifican en función de su complejidad y capacidad de programación.

Sistemas de Control Basados en Relés

Los sistemas de control basados en relés son los sistemas de control más antiguos y simples. Estos sistemas utilizan relés electromecánicos para controlar el funcionamiento de una máquina o proceso. Los relés se activan o desactivan en función de la señal eléctrica que reciben, lo que permite controlar el encendido y apagado de los componentes del sistema.

Los sistemas de control basados en relés son limitados en su capacidad de programación y sólo pueden realizar tareas simples y repetitivas. Sin embargo, estos sistemas son fiables y se utilizan en aplicaciones donde la simplicidad es más importante que la funcionalidad avanzada.

Sistemas de Control Lógico Programable (PLC)

Los sistemas de control lógico programable (PLC) son una forma más avanzada de control que utiliza una computadora programable para controlar el funcionamiento de una máquina o proceso. Los PLCs utilizan un lenguaje de programación especializado para controlar la secuencia de operaciones y ajustar los parámetros del proceso.

Los PLCs son flexibles y pueden programarse para realizar una amplia variedad de tareas y operaciones. Estos sistemas se utilizan en una amplia gama de aplicaciones industriales, desde la producción manufacturera hasta la gestión de infraestructuras y servicios públicos.

Sistemas de Control Distribuido (DCS)

Los sistemas de control distribuido (DCS) son sistemas avanzados de control que se utilizan en procesos industriales complejos. Estos sistemas utilizan una red de controladores distribuidos para supervisar y controlar múltiples procesos en tiempo real.

Los DCSs son altamente escalables y se pueden programar para controlar procesos de gran escala y complejidad. Estos sistemas se utilizan en una amplia gama de aplicaciones industriales, desde la producción química hasta la generación de energía y la gestión de infraestructuras.

Sistemas de Control de Alto Nivel (HIL)

Los sistemas de control de alto nivel (HIL) son sistemas de simulación que se utilizan para probar y validar sistemas de control en entornos virtuales. Estos sistemas utilizan modelos matemáticos para simular el comportamiento de los sistemas en tiempo real, lo que permite a los ingenieros probar y optimizar el rendimiento de los sistemas de control antes de implementarlos en un entorno real.

Los sistemas HIL se utilizan en una amplia gama de aplicaciones industriales, desde la automoción hasta la aeronáutica y la ingeniería eléctrica.

Beneficios de la Tecnología de Automatización y Control

La tecnología de automatización y control ofrece una serie de beneficios a las empresas y organizaciones que la utilizan. Algunos de los principales beneficios incluyen:

Aumento de la Eficiencia

La automatización y el control permiten a las empresas mejorar la eficiencia de sus procesos, reduciendo el tiempo de producción y minimizando los errores humanos. Esto permite a las empresas aumentar su producción y reducir los costos de fabricación.

Mejora de la Calidad

La tecnología de automatización y control permite a las empresas mejorar la calidad de sus productos y servicios, reduciendo la variabilidad y minimizando los errores. Esto aumenta la satisfacción del cliente y mejora la imagen de la marca.

Aumento de la Seguridad

La automatización y el control permiten mejorar la seguridad en el lugar de trabajo al minimizar la exposición humana a situaciones peligrosas. Esto se logra al automatizar procesos peligrosos o al implementar sistemas de seguridad que monitorean el funcionamiento de las máquinas y equipos para detectar fallos o condiciones peligrosas.

Reducción de los Costos

La tecnología de automatización y control puede ayudar a reducir los costos de producción al minimizar el desperdicio de materiales y energía, así como al reducir la necesidad de mano de obra humana.

Aumento de la Flexibilidad

Los sistemas de control avanzados, como los PLCs y los DCSs, son altamente flexibles y pueden programarse para realizar una amplia variedad de tareas y operaciones. Esto permite a las empresas adaptarse rápidamente a los cambios en el mercado y a las nuevas demandas de los clientes.

Mejora del Análisis de Datos

La tecnología de automatización y control permite a las empresas recopilar y analizar grandes cantidades de datos sobre sus procesos y operaciones. Esto les permite identificar áreas de mejora y optimizar sus procesos para maximizar la eficiencia y la rentabilidad.

Desafíos en la Implementación de la Tecnología de Automatización y Control

Si bien la tecnología de automatización y control ofrece una serie de beneficios a las empresas, también presenta una serie de desafíos en su implementación. Algunos de los principales desafíos incluyen:

Costo

La implementación de sistemas de control avanzados puede ser costosa, especialmente para pequeñas y medianas empresas. Además del costo de los equipos y sistemas de control, también se requiere personal altamente capacitado para instalar, programar y mantener estos sistemas.

Integración

La implementación de sistemas de control avanzados a menudo requiere la integración de múltiples sistemas y equipos, lo que puede ser un desafío técnico. Además, los sistemas de control pueden no ser compatibles con los sistemas existentes, lo que requiere una inversión adicional en la actualización de los sistemas existentes o la adquisición de nuevos equipos.

Capacitación del personal

La implementación de sistemas de control avanzados requiere personal altamente capacitado y especializado para programar, mantener y operar los sistemas. La capacitación del personal puede ser costosa y llevar tiempo, lo que puede retrasar la implementación del sistema de control.

Seguridad Cibernética

Los sistemas de control avanzados están conectados a la red y pueden ser vulnerables a los ataques cibernéticos. La seguridad cibernética debe ser una consideración importante en la implementación de sistemas de control avanzados para proteger los sistemas y los datos sensibles.

Ejemplos de la Tecnología de Automatización y Control en la Industria

La tecnología de automatización y control se utiliza en una amplia gama de industrias, desde la manufacturera hasta la energética y la automotriz. A continuación se presentan algunos ejemplos de cómo se utiliza la tecnología de automatización y control en la industria.

Automoción

En la industria automotriz, la tecnología de automatización y control se utiliza para mejorar la eficiencia y la calidad en la producción de automóviles. Los sistemas de control avanzados se utilizan para controlar el proceso de producción, desde el ensamblaje de piezas hasta la pintura y el acabado final. También se utilizan sistemas de robots y máquinas automatizadas para realizar tareas que antes requerían mano de obra humana, como el ensamblaje de componentes y la soldadura.

Energía

En la industria de la energía, la tecnología de automatización y control se utiliza para mejorar la eficiencia y la seguridad en la producción de energía, desde la generación de electricidad hasta la extracción de petróleo y gas. Los sistemas de control avanzados se utilizan para monitorear y controlar el funcionamiento de las plantas de energía, lo que ayuda a optimizar la producción y reducir los costos.

Manufactura

En la industria manufacturera, la tecnología de automatización y control se utiliza para mejorar la eficiencia y la calidad en la producción de bienes, desde la fabricación de productos electrónicos hasta la producción de alimentos y bebidas.

Los sistemas de control avanzados se utilizan para monitorear y controlar los procesos de producción, lo que ayuda a reducir los costos y mejorar la calidad del producto.

Minería

En la industria minera, la tecnología de automatización y control se utiliza para mejorar la seguridad y la eficiencia en la extracción de minerales y metales. Los sistemas de control avanzados se utilizan para monitorear y controlar el funcionamiento de los equipos de minería, lo que ayuda a minimizar los riesgos para los trabajadores y maximizar la producción.

Agricultura

En la industria agrícola, la tecnología de automatización y control se utiliza para mejorar la eficiencia y la productividad en la producción de alimentos y cultivos. Los sistemas de control avanzados se utilizan para monitorear y controlar los procesos de riego, fertilización y cosecha, lo que ayuda a maximizar el rendimiento de los cultivos y reducir los costos de producción.

Conclusiones

La tecnología de automatización y control es una herramienta poderosa para mejorar la eficiencia, la seguridad y la rentabilidad en una amplia gama de industrias. La implementación de sistemas de control avanzados puede ayudar a las empresas a reducir los costos, mejorar la calidad del producto y adaptarse rápidamente a los cambios en el mercado.

Sin embargo, la implementación de sistemas de control avanzados también presenta una serie de desafíos, como el costo, la integración, la capacitación del personal y la seguridad cibernética. Es importante que las empresas evalúen cuidadosamente los beneficios y los desafíos de la implementación de sistemas de control avanzados antes de tomar una decisión.

En última instancia, la tecnología de automatización y control puede ser una herramienta valiosa para ayudar a las empresas a mantenerse competitivas en un mercado global cada vez más exigente.

DESARROLLO Y GESTIÓN DE PROYECTOS INDUSTRIALES

El desarrollo y gestión de proyectos industriales es una tarea crucial para las empresas que buscan mejorar sus procesos de producción y, por lo tanto, aumentar su competitividad en el mercado. Este capítulo tiene como objetivo proporcionar una visión general de los procesos y herramientas necesarios para llevar a cabo con éxito proyectos industriales.

Fases del desarrollo de proyectos industriales

El desarrollo de un proyecto industrial consta de varias fases, que pueden variar según la naturaleza del proyecto y la empresa que lo lleva a cabo. Sin embargo, es posible identificar algunas fases que son comunes a la mayoría de los proyectos:

Identificación de la necesidad: en esta fase se define el problema o necesidad que se desea resolver a través del proyecto. También se identifican los objetivos del proyecto y se establece un marco de tiempo y un presupuesto estimado.

Planificación: en esta fase se elabora un plan detallado que establece las actividades necesarias para lograr los objetivos del proyecto, los recursos que se necesitarán y los plazos en los que se realizarán.

Ejecución: en esta fase se llevan a cabo las actividades planificadas y se realiza el seguimiento y control de los resultados obtenidos.

Cierre: en esta fase se evalúan los resultados obtenidos, se documenta el proyecto y se realizan las acciones necesarias para su cierre.

Herramientas para la gestión de proyectos industriales

Existen diversas herramientas que pueden utilizarse para llevar a cabo la gestión de proyectos industriales. Algunas de las más comunes son las siguientes:

Diagrama de Gantt: esta herramienta permite representar gráficamente el plan de actividades del proyecto, mostrando las tareas que se deben realizar y su duración estimada. También permite establecer relaciones de dependencia entre las tareas.

Red de Pert: esta herramienta es similar al diagrama de Gantt, pero se centra en las relaciones de dependencia entre las tareas. Permite identificar cuáles son las tareas críticas del proyecto, es decir, aquellas que deben realizarse en plazo para que el proyecto se complete en tiempo y forma.

Matriz de riesgos: esta herramienta permite identificar los riesgos asociados al proyecto y establecer estrategias para minimizarlos o eliminarlos. También permite evaluar la probabilidad y el impacto de cada riesgo.

Plan de contingencia: este plan establece las medidas que se tomarán en caso de que se produzca algún imprevisto que afecte al desarrollo del proyecto. Es importante que este plan se establezca antes de que se produzca el imprevisto, para poder actuar de manera rápida y eficaz.

Software de gestión de proyectos: existen diversas herramientas informáticas que permiten llevar a cabo la gestión de proyectos de manera eficaz, como Microsoft Project o Trello. Estas herramientas permiten planificar las tareas, establecer plazos y recursos, y realizar un seguimiento en tiempo real del desarrollo del proyecto.

Factores clave para el éxito de un proyecto industrial

El éxito de un proyecto industrial depende de diversos factores, algunos de los cuales son los siguientes:

Definición clara de los objetivos del proyecto: es importante que los objetivos del proyecto estén bien definidos desde el principio, para que todos los miembros del equipo trabajen en la misma dirección y sepan cuál es el resultado esperado.

Asignación adecuada de recursos: es fundamental que se asignen los recursos adecuados al proyecto, incluyendo personal, presupuesto y tiempo. Si no se asignan los recursos necesarios, el proyecto podría enfrentar dificultades y retrasos.

Comunicación efectiva: es esencial que exista una comunicación clara y efectiva entre todos los miembros del equipo del proyecto, así como con los clientes y proveedores. Una buena comunicación puede prevenir malentendidos y problemas que podrían afectar el éxito del proyecto.

Gestión de riesgos: es importante que se identifiquen los riesgos asociados al proyecto y se establezcan estrategias para minimizarlos o eliminarlos. Esto puede ayudar a prevenir problemas y retrasos en el desarrollo del proyecto.

Seguimiento y evaluación: es necesario realizar un seguimiento constante del proyecto para asegurarse de que se está avanzando de acuerdo con el plan establecido y para detectar cualquier desviación o problema. Además, es importante realizar una evaluación al final del proyecto para determinar si se han cumplido los objetivos y si se han obtenido los resultados esperados.

Ejemplo de gestión de proyecto industrial

Para ilustrar la gestión de un proyecto industrial, a continuación, se presenta un ejemplo hipotético:

Empresa X desea implementar una nueva línea de producción para fabricar un producto específico. El proyecto se desarrollará en un plazo de seis meses y se ha establecido un presupuesto de $100,000. El equipo del proyecto está compuesto por un gerente de proyecto, un ingeniero de producción, un diseñador industrial y un equipo de operarios de producción.

Fase 1: Identificación de la necesidad

El equipo del proyecto se reúne para definir el problema que se desea resolver y los objetivos del proyecto. Se establece que la empresa necesita una nueva línea de producción para fabricar un producto específico debido al aumento de la demanda. Los objetivos del proyecto son aumentar la producción del producto, mejorar la calidad y reducir los costos.

Fase 2: Planificación

El equipo del proyecto elabora un plan detallado que establece las actividades necesarias para lograr los objetivos del proyecto, los recursos que se necesitarán y los plazos en los que se realizarán. Se establecen las siguientes actividades principales:

Diseño de la línea de producción

Adquisición de los equipos necesarios

Capacitación de los operarios de producción

Pruebas de producción y ajustes

El equipo del proyecto utiliza un diagrama de Gantt para representar gráficamente el plan de actividades del proyecto y establecer las relaciones de dependencia entre las tareas.

Fase 3: Ejecución

El equipo del proyecto comienza a llevar a cabo las actividades planificadas y realiza el seguimiento y control de los resultados obtenidos. Se establecen reuniones periódicas para evaluar el avance del proyecto y hacer ajustes si es necesario.

Fase 4: Cierre

Una vez que se ha completado la implementación de la nueva línea de producción, se realiza una evaluación del proyecto para determinar si se han cumplido los objetivos y si se han obtenido los resultados esperados. Se documenta el proyecto y se realiza su cierre.

Conclusión

La gestión de proyectos industriales es una tarea compleja que requiere una planificación detallada, una buena gestión de recursos, una comunicación efectiva, la identificación y gestión de riesgos, y un seguimiento constante del proyecto. El éxito del proyecto dependerá en gran medida de la gestión adecuada de estas áreas clave.

Es importante que los gerentes de proyecto industriales tengan una buena comprensión de las actividades y procesos que se llevarán a cabo en el proyecto, así como de los recursos necesarios para completarlo. También es importante que tengan habilidades de liderazgo, comunicación y gestión del tiempo para poder liderar el equipo del proyecto y asegurarse de que se cumplan los plazos y objetivos establecidos.

La utilización de herramientas de gestión de proyectos, como los diagramas de Gantt, puede ser muy útil para la planificación y seguimiento de los proyectos industriales. Estas herramientas permiten una visualización clara de las actividades y los plazos, y pueden ayudar a identificar los cuellos de botella y los retrasos en el proyecto.

En resumen, la gestión de proyectos industriales es un proceso complejo que requiere una planificación cuidadosa, una gestión adecuada de recursos y riesgos, una comunicación efectiva y un seguimiento constante del proyecto. La implementación adecuada de estas prácticas puede ayudar a garantizar el éxito del proyecto y la satisfacción del cliente.

ANÁLISIS DE COSTO-BENEFICIO Y EVALUACIÓN DE PROYECTOS

En la gestión de proyectos, es esencial que se realice una evaluación cuidadosa de los costos y los beneficios antes de tomar cualquier decisión importante. Esto se debe a que cualquier inversión en un proyecto debe ser rentable y beneficiosa para la organización en su conjunto. Para evaluar los costos y los beneficios de un proyecto, se utiliza una técnica llamada análisis de costo-beneficio. En este capítulo, discutiremos en detalle qué es el análisis de costo-beneficio, cómo se lleva a cabo y su importancia en la evaluación de proyectos.

¿Qué es el análisis de costo-beneficio?

El análisis de costo-beneficio es una técnica utilizada para evaluar la relación entre los costos y los beneficios de un proyecto. Este análisis se realiza para determinar si los beneficios esperados del proyecto justifican los costos asociados con él. En otras palabras, el análisis de costo-beneficio ayuda a las organizaciones a determinar si un proyecto es rentable y si es viable económicamente.

El análisis de costo-beneficio implica la identificación de todos los costos asociados con el proyecto, tanto los costos directos como los indirectos. Los costos directos son aquellos que están directamente relacionados con la ejecución del proyecto, como los costos de materiales y mano de obra. Los costos indirectos, por otro lado, son aquellos que están relacionados con el proyecto pero no son directamente atribuibles a él, como los costos administrativos generales.

Por otro lado, los beneficios del proyecto deben identificarse y cuantificarse. Los beneficios pueden ser tangibles o intangibles. Los beneficios tangibles son aquellos que pueden medirse en términos monetarios, como el aumento de las ventas o la reducción de costos. Los beneficios intangibles son aquellos que no pueden medirse fácilmente en términos monetarios, como la mejora de la imagen de la marca o la satisfacción del cliente.

Una vez que se han identificado todos los costos y beneficios asociados con el proyecto, se realiza un análisis para determinar si los beneficios justifican los costos. Si el análisis muestra que los beneficios superan los costos, entonces el proyecto se considera viable económicamente.

Pasos para llevar a cabo el análisis de costo-beneficio

El análisis de costo-beneficio se realiza en varias etapas. Estas etapas incluyen:

Identificación de costos y beneficios: El primer paso en el análisis de costo-beneficio es identificar todos los costos y beneficios asociados con el proyecto. Esto incluye tanto los costos directos como los indirectos, y los beneficios tangibles e intangibles.

Cuantificación de costos y beneficios: El siguiente paso es cuantificar todos los costos y beneficios identificados. Los costos se cuantifican en términos monetarios, mientras que los beneficios tangibles también se cuantifican en términos monetarios. Los beneficios intangibles se cuantifican utilizando métodos subjetivos, como encuestas o análisis de opinión.

Establecimiento de una línea de base: Una vez que se han identificado y cuantificado todos los costos y beneficios, se establece una línea de base. La línea de base es una representación de los costos y beneficios esperados sin el proyecto en cuestión. Esto ayuda a comparar los costos y beneficios esperados con los costos y beneficios reales después de la implementación del proyecto.

Análisis de costo-beneficio: El siguiente paso es llevar a cabo el análisis de costo-beneficio real. Esto implica comparar los costos y beneficios esperados con la línea de base establecida. Si los beneficios esperados superan los costos esperados, entonces el proyecto se considera viable económicamente. Si los costos esperados superan los beneficios esperados, entonces el proyecto puede necesitar ser reevaluado o abandonado.

Importancia del análisis de costo-beneficio en la evaluación de proyectos

El análisis de costo-beneficio es una herramienta importante para la evaluación de proyectos por varias razones:

Ayuda a tomar decisiones informadas: El análisis de costo-beneficio proporciona información importante sobre la relación entre los costos y los beneficios de un proyecto. Esto ayuda a los responsables de la toma de decisiones a tomar decisiones informadas sobre si deben seguir adelante con un proyecto o no.

Identifica los costos ocultos: El análisis de costo-beneficio ayuda a identificar los costos ocultos asociados con un proyecto. Esto incluye los costos indirectos que a menudo se pasan por alto pero que pueden tener un impacto significativo en la rentabilidad del proyecto.

Mejora la planificación del proyecto: El análisis de costo-beneficio ayuda a las organizaciones a planificar y presupuestar un proyecto de manera efectiva. Esto ayuda a evitar sorpresas desagradables y a asegurar que se alcancen los objetivos del proyecto dentro del presupuesto asignado.

Reduce el riesgo: El análisis de costo-beneficio ayuda a las organizaciones a evaluar el riesgo asociado con un proyecto. Esto incluye la evaluación de los riesgos financieros, operativos y de cumplimiento. Si se identifica un alto riesgo, entonces se pueden tomar medidas para reducir o mitigar ese riesgo antes de implementar el proyecto.

Ejemplo de análisis de costo-beneficio

Para ilustrar cómo se realiza un análisis de costo-beneficio, consideremos un ejemplo hipotético de una organización que está considerando la implementación de un nuevo sistema de gestión de inventario. Supongamos que la organización ha identificado los siguientes costos y beneficios asociados con el proyecto:

Costos:

Costo del software: $20,000

Costo de la implementación: $5,000

Costo del personal de capacitación: $2,000

Costos operativos adicionales: $1,000 por mes

Beneficios:

Reducción de costos de inventario: $3,000 por mes

Aumento de las ventas: $2,000 por mes

Reducción de errores de inventario: $1,000 por mes

Mejora de la satisfacción del cliente: no cuantificable

Utilizando esta información, podemos llevar a cabo un análisis de costo-beneficio de la siguiente manera:

Identificación de costos y beneficios: Los costos identificados incluyen el costo del software, el costo de la implementación, el costo del personal de capacitación y los costos operativos adicionales. Los beneficios identificados incluyen la reducción de costos de inventario, el aumento de las ventas y la reducción de errores de inventario. También se identifica una mejora en la satisfacción del cliente, aunque no se puede cuantificar.

Establecimiento de una línea de base: La línea de base se establece identificando los costos y beneficios que se esperan sin la implementación del proyecto. Supongamos que, sin el nuevo sistema de gestión de inventario, la organización espera tener costos de inventario de $10,000 por mes, ventas de $20,000 por mes y errores de inventario de $2,000 por mes.

Identificación de los costos y beneficios reales: Una vez que se implementa el nuevo sistema de gestión de inventario, se puede medir la reducción real de costos de inventario, el aumento real de las ventas y la reducción real de errores de inventario. Supongamos que estos beneficios resultan ser $4,000 por mes, $2,500 por mes y $1,500 por mes, respectivamente. Además, los costos operativos adicionales resultan ser de $1,500 por mes.

Análisis de costo-beneficio: Utilizando esta información, podemos comparar los costos y beneficios esperados con la línea de base y los costos y beneficios reales para determinar si el proyecto es viable económicamente. El análisis de costo-beneficio se realiza de la siguiente manera:

Costos esperados: $20,000 + $5,000 + $2,000 + ($1,000 x 12) = $39,000

Beneficios esperados: $3,000 + $2,000 + $1,000 = $6,000

Costos reales: $39,000 + ($1,500 x 12) = $57,000

Beneficios reales: $4,000 + $2,500 + $1,500 = $8,000

Basándonos en este análisis, podemos ver que los beneficios esperados superan los costos esperados, lo que indica que el proyecto es viable económicamente. Además, los beneficios reales también superan los costos reales, lo que sugiere que la implementación del nuevo sistema de gestión de inventario ha sido un éxito.

Limitaciones del análisis de costo-beneficio

Aunque el análisis de costo-beneficio es una herramienta útil para la evaluación de proyectos, hay algunas limitaciones importantes que deben tenerse en cuenta:

Dificultad para cuantificar ciertos beneficios: A veces puede ser difícil cuantificar ciertos beneficios, como la mejora de la satisfacción del cliente. Esto puede hacer que sea más difícil determinar si un proyecto es viable económicamente.

Supuestos inexactos: El análisis de costo-beneficio se basa en supuestos, y si estos supuestos son inexactos, entonces el análisis puede ser incorrecto. Por lo tanto, es importante asegurarse de que los supuestos utilizados sean precisos y realistas.

No tiene en cuenta los costos y beneficios a largo plazo: El análisis de costo-beneficio se centra en los costos y beneficios a corto plazo y no tiene en cuenta los costos y beneficios a largo plazo. Por lo tanto, es posible que un proyecto parezca viable económicamente a corto plazo, pero no lo sea a largo plazo.

Conclusión

En resumen, el análisis de costo-benefio es una herramienta importante para la evaluación de proyectos. Permite a los gerentes y tomadores de decisiones determinar si un proyecto es viable económicamente al comparar los costos y beneficios esperados con los costos y beneficios reales. Sin embargo, es importante tener en cuenta las limitaciones del análisis de costo-beneficio, como la dificultad para cuantificar ciertos beneficios y los supuestos inexactos.

Además del análisis de costo-beneficio, hay otras herramientas y técnicas que pueden utilizarse para la evaluación de proyectos, como el análisis de costo-efectividad, el análisis de costo-utilidad y el análisis de impacto ambiental y social. Cada una de estas herramientas y técnicas tiene sus propias ventajas y limitaciones, y la elección de la herramienta adecuada dependerá de los objetivos del proyecto y las circunstancias específicas.

En última instancia, la evaluación de proyectos es esencial para asegurar que las organizaciones inviertan sus recursos de manera efectiva y eficiente. Al evaluar los costos y beneficios de un proyecto, los gerentes y tomadores de decisiones pueden tomar decisiones informadas sobre si deben continuar con el proyecto o no. Esto puede ayudar a garantizar que los recursos limitados se utilicen de manera efectiva para lograr los objetivos de la organización y maximizar su impacto.

ANÁLISIS FINANCIERO Y DE RENTABILIDAD EN LA INGENIERÍA INDUSTRIAL

El análisis financiero y de rentabilidad es una herramienta fundamental en la ingeniería industrial, ya que permite evaluar la viabilidad y la rentabilidad de los proyectos, así como tomar decisiones estratégicas y tácticas en una empresa. En este capítulo, se discutirán los principales conceptos y técnicas utilizados en el análisis financiero y de rentabilidad, así como su importancia en la ingeniería industrial.

Conceptos fundamentales

Antes de comenzar con el análisis financiero y de rentabilidad, es importante conocer algunos conceptos fundamentales, como el costo de capital, el flujo de efectivo, la tasa de descuento y el punto de equilibrio.

El costo de capital se refiere a la tasa de retorno requerida por los inversores para financiar un proyecto. Esta tasa puede estar compuesta por diferentes componentes, como el costo de la deuda, el costo de la equidad y el costo de los activos.

El flujo de efectivo se refiere al dinero que ingresa y sale de una empresa en un período determinado. Es importante distinguir el flujo de efectivo de los beneficios contables, ya que los beneficios contables no siempre se traducen en flujo de efectivo.

La tasa de descuento es la tasa de interés que se utiliza para calcular el valor actual de los flujos de efectivo futuros. Esta tasa se utiliza para evaluar la rentabilidad de un proyecto.

El punto de equilibrio se refiere al nivel de ventas en el que los ingresos igualan los costos. Este punto es importante porque indica el nivel mínimo de ventas necesario para evitar pérdidas.

Análisis financiero

El análisis financiero se refiere al estudio de los estados financieros de una empresa, como el balance general, el estado de resultados y el estado de flujo de efectivo. Estos estados financieros proporcionan información importante sobre la situación financiera de una empresa y su desempeño.

El balance general muestra los activos, pasivos y patrimonio de una empresa en un momento determinado. Los activos son los recursos que posee la empresa, como efectivo, cuentas por cobrar, inventarios y propiedades. Los pasivos son las obligaciones de la empresa, como cuentas por pagar y préstamos. El patrimonio es la inversión de los accionistas en la empresa.

El estado de resultados muestra los ingresos y los gastos de una empresa durante un período determinado. Los ingresos incluyen las ventas de productos o servicios, mientras que los gastos incluyen los costos de producción, los gastos administrativos y los impuestos.

El estado de flujo de efectivo muestra los flujos de efectivo de una empresa durante un período determinado. Este estado financiero es importante porque muestra el flujo de efectivo real de la empresa, lo que permite evaluar su capacidad para financiar sus operaciones y sus inversiones.

Para analizar los estados financieros de una empresa, se utilizan diferentes ratios financieros, como la liquidez, la rentabilidad y el endeudamiento.

La liquidez se refiere a la capacidad de una empresa para pagar sus deudas a corto plazo. Se utilizan diferentes ratios de liquidez, como el ratio de liquidez corriente y el ratio de prueba ácida.

La rentabilidad se refiere a la capacidad de una empresa para generar beneficios a partir de sus operaciones. Se utilizan diferentes ratios de rentabilidad, como el retorno sobre el patrimonio, el retorno sobre los activos y el margen de beneficio.

El endeudamiento se refiere al nivel de deuda de una empresa en relación con sus activos y su patrimonio. Se utilizan diferentes ratios de endeudamiento, como el ratio de endeudamiento y el ratio de cobertura de intereses.

Es importante destacar que los ratios financieros no deben evaluarse de forma aislada, sino que deben analizarse en conjunto y en relación con los objetivos y la situación financiera de la empresa.

Análisis de rentabilidad

El análisis de rentabilidad se refiere a la evaluación de la rentabilidad de un proyecto o una inversión. En este tipo de análisis, se utilizan diferentes técnicas, como el valor presente neto (VPN), la tasa interna de retorno (TIR) y el período de recuperación.

El valor presente neto es una técnica utilizada para evaluar la rentabilidad de una inversión a lo largo del tiempo. El VPN se calcula restando el costo de la inversión de los flujos de efectivo futuros descontados a una tasa de descuento adecuada. Si el VPN es positivo, la inversión es rentable.

La tasa interna de retorno es otra técnica utilizada para evaluar la rentabilidad de una inversión. La TIR es la tasa de descuento a la cual el VPN es igual a cero. Si la TIR es mayor que la tasa de descuento requerida, la inversión es rentable.

El período de recuperación se refiere al tiempo necesario para recuperar la inversión inicial. Se calcula dividiendo el costo de la inversión por el flujo de efectivo anual esperado. Si el período de recuperación es inferior al tiempo previsto para el proyecto, la inversión es rentable.

Es importante destacar que el análisis de rentabilidad debe considerar no solo los flujos de efectivo esperados, sino también los riesgos asociados a la inversión, como la incertidumbre en los ingresos y los costos, y los cambios en las condiciones del mercado.

Aplicación en la ingeniería industrial

El análisis financiero y de rentabilidad es una herramienta fundamental en la ingeniería industrial, ya que permite evaluar la viabilidad y la rentabilidad de los proyectos, así como tomar decisiones estratégicas y tácticas en una empresa.

En la ingeniería industrial, el análisis financiero y de rentabilidad se aplica en diferentes áreas, como la evaluación de proyectos de inversión, la gestión de costos y la toma de decisiones financieras.

En la evaluación de proyectos de inversión, el análisis de rentabilidad se utiliza para evaluar la viabilidad de los proyectos y determinar si son rentables o no. Además, el análisis financiero se utiliza para identificar los costos y los ingresos asociados a los proyectos y evaluar la sensibilidad de los resultados a diferentes supuestos.

En la gestión de costos, el análisis financiero se utiliza para identificar los costos fijos y variables de una empresa y evaluar la rentabilidad de sus productos y servicios. Además, se utilizan diferentes técnicas, como el análisis de costos-volumen-beneficio, para evaluar el impacto de los cambios en los costos y los precios en la rentabilidad de la empresa.

En la toma de decisiones financieras, el análisis financiero y de rentabilidad se utiliza para evaluar diferentes opciones y determinar la opción más rentable. Por ejemplo, se pueden evaluar diferentes opciones de financiamiento, como la emisión de bonos o la obtención de préstamos bancarios, y determinar cuál es la opción más rentable para la empresa en términos de costos y riesgos.

Además, el análisis financiero y de rentabilidad también se utiliza en la evaluación de la eficiencia y la efectividad de las operaciones de la empresa. Por ejemplo, se pueden evaluar diferentes opciones de producción, como la externalización de ciertas operaciones o la automatización de procesos, y determinar cuál es la opción más rentable en términos de costos y productividad.

En resumen, el análisis financiero y de rentabilidad es una herramienta fundamental en la ingeniería industrial, ya que permite evaluar la viabilidad y la rentabilidad de los proyectos, así como tomar decisiones estratégicas y tácticas en una empresa. La aplicación de técnicas de análisis financiero y de rentabilidad permite a las empresas tomar decisiones informadas y minimizar los riesgos asociados a sus operaciones y proyectos.

ASPECTOS LEGALES Y REGULACIONES EN LA INDUSTRIA

La industria es uno de los principales motores económicos de cualquier país. Sin embargo, la producción de bienes y servicios no se puede realizar sin cumplir una serie de normativas y regulaciones establecidas por las autoridades gubernamentales y los organismos reguladores correspondientes. En este capítulo, se analizarán los aspectos legales y las regulaciones aplicables a la industria, con el fin de comprender mejor el marco jurídico y normativo que regula este sector.

Marco legal

El marco legal que regula la industria varía de país en país y de acuerdo con las distintas legislaciones. Sin embargo, hay ciertos aspectos generales que son comunes en la mayoría de los países. Uno de los aspectos legales más importantes es la propiedad intelectual. Esto incluye las patentes, las marcas registradas, los derechos de autor, los diseños y los modelos industriales. Las empresas que operan en la industria deben respetar las leyes de propiedad intelectual, ya que esto protege su propiedad y les permite competir de manera justa en el mercado.

Otro aspecto importante del marco legal es la protección del medio ambiente. Las empresas deben cumplir con las leyes ambientales, que establecen las normas y regulaciones para la producción y el manejo de residuos, la emisión de gases y la contaminación del agua. Las empresas que no cumplan con estas regulaciones pueden enfrentar multas y sanciones, así como también pueden ser objeto de demandas civiles.

Regulaciones de seguridad

La seguridad en el lugar de trabajo es un aspecto crítico en la industria. La seguridad y la salud de los trabajadores deben ser protegidas por ley, y las empresas deben cumplir con las regulaciones de seguridad en el lugar de trabajo. Esto incluye la implementación de programas de seguridad, la capacitación de los trabajadores en seguridad y el mantenimiento de equipos y maquinarias en condiciones seguras.

Además, las empresas también deben cumplir con las regulaciones de seguridad en cuanto al transporte y la manipulación de materiales peligrosos. Esto incluye el transporte de productos químicos peligrosos, la manipulación de materiales explosivos y la eliminación de residuos tóxicos. Las empresas que no cumplan con estas regulaciones pueden enfrentar sanciones penales y civiles.

Regulaciones de empleo

Las empresas que operan en la industria también deben cumplir con las leyes laborales y de empleo. Esto incluye el pago de salarios justos, la protección de los derechos de los trabajadores y el cumplimiento de las regulaciones de seguridad y salud en el lugar de trabajo. Las empresas también deben cumplir con las leyes de discriminación y acoso en el lugar de trabajo.

Además, las empresas deben cumplir con las regulaciones de empleo en cuanto a la contratación y el despido de trabajadores. Esto incluye el cumplimiento de las regulaciones de trabajo infantil y la protección de los derechos de los trabajadores migrantes.

Regulaciones de comercio

Las empresas que operan en la industria también deben cumplir con las regulaciones de comercio y las leyes antimonopolio. Las leyes de comercio establecen las reglas para el comercio internacional, incluyendo las normas y regulaciones para la importación y exportación de bienes. Las empresas también deben cumplir con las leyes antimonopolio, que buscan prevenir la formación de monopolios y promover la competencia justa en el mercado. Las empresas que no cumplan con estas regulaciones pueden enfrentar sanciones y multas.

Regulaciones de calidad

La calidad de los productos y servicios es otro aspecto importante en la industria. Las empresas deben cumplir con las regulaciones de calidad establecidas por las autoridades gubernamentales y los organismos reguladores correspondientes. Esto incluye las regulaciones de seguridad alimentaria, que establecen las normas y regulaciones para la producción y el manejo de alimentos y bebidas. Las empresas también deben cumplir con las regulaciones de calidad en cuanto a la producción y el suministro de productos farmacéuticos y dispositivos médicos.

Regulaciones fiscales

Las empresas que operan en la industria también deben cumplir con las leyes fiscales y tributarias. Esto incluye el pago de impuestos, tasas y aranceles, así como también el cumplimiento de las regulaciones de contabilidad y auditoría. Las empresas deben presentar informes financieros precisos y transparentes, y cumplir con las regulaciones de contabilidad establecidas por las autoridades gubernamentales.

Regulaciones de propiedad y zonificación

Las empresas que operan en la industria también deben cumplir con las regulaciones de propiedad y zonificación. Las leyes de propiedad establecen las reglas para la propiedad y el uso de la tierra y los edificios. Las empresas deben cumplir con las regulaciones de zonificación, que establecen las normas y regulaciones para el uso de la tierra y la construcción de edificios. Las empresas deben obtener los permisos necesarios antes de construir o modificar un edificio, y cumplir con las regulaciones de construcción y seguridad.

Conclusión

En resumen, la industria está sujeta a una amplia gama de regulaciones y leyes que buscan proteger a los trabajadores, el medio ambiente y el público en general, y promover la competencia justa en el mercado. Las empresas que operan en la industria deben cumplir con estas regulaciones y leyes para poder operar de manera efectiva y responsable. Es importante que las empresas entiendan el marco legal y normativo que rige la industria en su país y se aseguren de cumplir con todas las regulaciones y leyes aplicables. De esta manera, las empresas pueden proteger su propiedad intelectual, mantener a sus trabajadores seguros y saludables, producir productos de alta calidad y contribuir de manera positiva a la economía y a la sociedad en general.

SOSTENIBILIDAD Y RESPONSABILIDAD SOCIAL EN LA INGENIERÍA INDUSTRIAL

La sostenibilidad y la responsabilidad social son dos temas clave en la ingeniería industrial moderna. A medida que los recursos naturales se vuelven cada vez más escasos y la preocupación por el impacto ambiental y social de las actividades humanas aumenta, los ingenieros industriales se enfrentan a la tarea de diseñar y operar sistemas productivos que sean sostenibles y socialmente responsables. En este capítulo, exploraremos los conceptos de sostenibilidad y responsabilidad social en la ingeniería industrial, y discutiremos algunas de las herramientas y estrategias que los ingenieros pueden utilizar para integrar estos conceptos en su trabajo.

Sostenibilidad en la ingeniería industrial

La sostenibilidad se refiere a la capacidad de satisfacer las necesidades presentes sin comprometer la capacidad de las generaciones futuras para satisfacer sus propias necesidades. En la ingeniería industrial, la sostenibilidad implica diseñar y operar sistemas productivos de manera que se utilicen los recursos de manera eficiente y se minimice el impacto ambiental. Esto implica la adopción de prácticas que reduzcan el uso de recursos no renovables, disminuyan las emisiones de gases de efecto invernadero, reduzcan la generación de residuos y promuevan la conservación de la biodiversidad.

Una de las herramientas más importantes que los ingenieros industriales pueden utilizar para mejorar la sostenibilidad de los sistemas productivos es el análisis del ciclo de vida (ACV). El ACV es una metodología que permite evaluar el impacto ambiental de un producto o sistema a lo largo de su ciclo de vida completo, desde la extracción de materias primas hasta su disposición final. Al utilizar el ACV, los ingenieros pueden identificar los puntos críticos en el ciclo de vida de un producto o sistema y tomar medidas para reducir su impacto ambiental.

Otra herramienta importante es el diseño para el medio ambiente (DfE). El DfE implica considerar los impactos ambientales de un producto o sistema desde el diseño inicial, y buscar oportunidades para reducir su impacto ambiental a lo largo de todo el ciclo de vida. Esto puede implicar la utilización de materiales y tecnologías más sostenibles, la reducción del uso de energía y recursos, y la implementación de prácticas de reciclaje y gestión de residuos.

Responsabilidad social en la ingeniería industrial

La responsabilidad social se refiere a la obligación de las empresas y organizaciones de operar de manera ética y responsable con respecto a la sociedad en general. En la ingeniería industrial, la responsabilidad social implica la adopción de prácticas que promuevan la justicia social, la igualdad de oportunidades y el bienestar de la comunidad en general.

Una de las áreas clave de responsabilidad social para los ingenieros industriales es la gestión de la seguridad y la salud en el trabajo. Los ingenieros deben diseñar y operar sistemas productivos que sean seguros y saludables para los trabajadores, y tomar medidas para prevenir accidentes y lesiones en el lugar de trabajo. Esto puede incluir la implementación de medidas de seguridad, como la utilización de equipos de protección personal y la formación en seguridad para los trabajadores.

Otra área clave de responsabilidad social es la gestión de la cadena de suministro. Los ingenieros deben trabajar con proveedores y contratistas para garantizar que sus prácticas sean socialmente responsables y cumplan con los estándares éticos y legales. Esto puede incluir la promoción de prácticas laborales justas, la eliminación del trabajo infantil y forzado, y la adopción de prácticas de gestión ambiental sostenibles.

Además, los ingenieros industriales también deben considerar la responsabilidad social en el diseño de productos y sistemas. Esto implica considerar cómo los productos y sistemas afectarán a los usuarios finales y a la sociedad en general, y buscar oportunidades para mejorar la calidad de vida y la equidad social. Por ejemplo, los ingenieros pueden diseñar productos que sean accesibles para personas con discapacidades o que promuevan la igualdad de género.

Herramientas y estrategias para la sostenibilidad y la responsabilidad social en la ingeniería industrial

Para integrar la sostenibilidad y la responsabilidad social en su trabajo, los ingenieros industriales pueden utilizar una variedad de herramientas y estrategias. Algunas de las herramientas y estrategias más comunes incluyen:

Estándares y normas: Los ingenieros pueden utilizar una variedad de estándares y normas para guiar sus prácticas y garantizar la sostenibilidad y la responsabilidad social en sus proyectos. Algunos ejemplos incluyen ISO 14001 (sistema de gestión ambiental), ISO 45001 (sistema de gestión de la salud y la seguridad en el trabajo) y SA8000 (norma de responsabilidad social).

Certificaciones y etiquetas: Los ingenieros pueden trabajar con certificaciones y etiquetas para demostrar que sus productos y sistemas cumplen con estándares ambientales y sociales. Algunos ejemplos incluyen el certificado LEED (liderazgo en energía y diseño ambiental) para edificios verdes, y las etiquetas de comercio justo para productos fabricados de manera socialmente responsable.

Análisis de impacto social: Los ingenieros pueden utilizar herramientas como el análisis de impacto social para evaluar el impacto de sus proyectos en la sociedad en general. Esto puede implicar la evaluación de impactos positivos, como la creación de empleo o el acceso a servicios básicos, así como la identificación de impactos negativos, como la exclusión social o la pérdida de patrimonio cultural.

Participación y diálogo con las partes interesadas: Los ingenieros pueden involucrar a las partes interesadas, como la comunidad local, los trabajadores y los grupos de interés, en el diseño y la implementación de proyectos. Esto puede ayudar a garantizar que los proyectos sean socialmente responsables y que satisfagan las necesidades y preocupaciones de todas las partes interesadas.

Innovación y tecnología: Los ingenieros pueden utilizar la innovación y la tecnología para desarrollar soluciones sostenibles y socialmente responsables. Esto puede implicar el uso de tecnologías limpias y renovables, la implementación de procesos más eficientes y la exploración de nuevas formas de diseño y producción.

Conclusión

La sostenibilidad y la responsabilidad social son dos temas críticos para la ingeniería industrial moderna. A medida que el mundo enfrenta desafíos ambientales y sociales cada vez mayores, los ingenieros industriales tienen la responsabilidad de diseñar y operar sistemas productivos que sean sostenibles y socialmente responsables. Esto implica considerar no solo la eficiencia y la rentabilidad económica, sino también el impacto de sus prácticas en las personas y el planeta.

Los ingenieros industriales tienen una amplia variedad de herramientas y estrategias a su disposición para integrar la sostenibilidad y la responsabilidad social en su trabajo. Estas herramientas y estrategias incluyen estándares y normas, certificaciones y etiquetas, análisis de impacto social, participación y diálogo con las partes interesadas, y la innovación y la tecnología.

Es importante que los ingenieros industriales trabajen en colaboración con otros profesionales y partes interesadas para garantizar que sus prácticas sean verdaderamente sostenibles y socialmente responsables. Esto puede implicar la colaboración con científicos ambientales, expertos en salud y seguridad laboral, representantes de la comunidad local y otros grupos de interés.

La sostenibilidad y la responsabilidad social en la ingeniería industrial son temas complejos y en constante evolución. Los ingenieros industriales deben mantenerse informados sobre los últimos avances en estas áreas y estar dispuestos a adaptar sus prácticas en consecuencia. A través de un enfoque colaborativo y centrado en la sostenibilidad y la responsabilidad social, los ingenieros industriales pueden desempeñar un papel crucial en la construcción de un mundo más justo y sostenible.

TENDENCIAS Y PERSPECTIVAS FUTURAS EN LA INDUSTRIA

En la actualidad, la industria se encuentra en un constante cambio debido a diversos factores como la innovación tecnológica, la globalización, la transformación digital, la sostenibilidad y la economía circular, entre otros. Estas tendencias están impactando en la forma en que las empresas operan y en la manera en que se relacionan con sus clientes y con el entorno. En este capítulo, se analizarán estas tendencias y se explorarán las perspectivas futuras de la industria.

Innovación tecnológica

La innovación tecnológica es una de las principales tendencias que están transformando la industria. La digitalización de procesos y la automatización de tareas están mejorando la eficiencia y la productividad de las empresas. Además, la implementación de tecnologías como la inteligencia artificial, el internet de las cosas, la realidad virtual y aumentada, y la robótica están generando nuevas oportunidades de negocio y mejorando la experiencia de los clientes.

Un ejemplo de cómo la innovación tecnológica está impactando en la industria es el caso de la industria automotriz. La incorporación de tecnologías como la conducción autónoma y la conectividad están transformando la forma en que las personas utilizan los vehículos y cómo interactúan con ellos.

Globalización

La globalización es otra tendencia que está transformando la industria. La apertura de mercados y la internacionalización de las empresas están generando nuevas oportunidades de negocio y permitiendo el acceso a nuevos clientes y proveedores. Sin embargo, la globalización también plantea desafíos como la competencia global y la necesidad de adaptarse a diferentes culturas y normativas.

La globalización ha permitido a empresas de diversos sectores establecerse en diferentes países y expandir su presencia en el mercado mundial. Un ejemplo de esto es el caso de las empresas tecnológicas, que han logrado establecer su presencia en diferentes países y regiones gracias a la globalización y la conectividad.

Transformación digital

La transformación digital es otra tendencia que está impactando en la industria. La digitalización de procesos y la implementación de tecnologías como el big data, la inteligencia artificial y la nube están permitiendo a las empresas mejorar la eficiencia y la productividad, así como ofrecer nuevos servicios y productos digitales.

La transformación digital también está permitiendo a las empresas mejorar la experiencia de los clientes, gracias a la implementación de soluciones digitales que permiten una comunicación más eficiente y una interacción más personalizada. Un ejemplo de esto es el caso de las empresas de comercio electrónico, que han logrado mejorar la experiencia de los clientes gracias a la implementación de soluciones digitales que permiten una experiencia de compra más personalizada y eficiente.

Sostenibilidad y economía circular

La sostenibilidad y la economía circular son tendencias cada vez más importantes en la industria. La sostenibilidad implica la necesidad de reducir el impacto ambiental de las empresas y de sus productos, mientras que la economía circular busca reducir el desperdicio y el uso de recursos mediante la reutilización y el reciclaje de materiales.

La sostenibilidad y la economía circular están transformando la forma en que las empresas operan y en la manera en que se relacionan con el entorno. Un ejemplo de esto es el caso de las empresas de moda, que están implementando estrategias de sostenibilidad y economía circular en toda la cadena de suministro, desde la producción hasta la venta y el reciclaje de productos. Esto implica la utilización de materiales sostenibles, la reducción de residuos y la implementación de procesos de reciclaje y reutilización.

Perspectivas futuras de la industria

En cuanto a las perspectivas futuras de la industria, se espera que las tendencias mencionadas anteriormente continúen transformando el sector en los próximos años. A continuación, se analizarán algunas de las perspectivas futuras más relevantes.

Inteligencia artificial y automatización

La inteligencia artificial y la automatización son dos tendencias que seguirán transformando la industria en el futuro. Se espera que la implementación de estas tecnologías continúe mejorando la eficiencia y la productividad de las empresas, así como permitir la creación de nuevos productos y servicios.

Además, la inteligencia artificial y la automatización también tienen el potencial de generar nuevos empleos y mejorar las condiciones laborales, al permitir a los trabajadores centrarse en tareas más complejas y creativas.

Economía circular y sostenibilidad

La economía circular y la sostenibilidad seguirán siendo tendencias clave en la industria en el futuro. Se espera que las empresas continúen adoptando prácticas sostenibles y estrategias de economía circular, y que cada vez más consumidores demanden productos y servicios sostenibles.

La implementación de estrategias de economía circular y sostenibilidad también puede ser una oportunidad para las empresas de diferenciarse de la competencia y mejorar su reputación corporativa.

Tecnologías emergentes

Las tecnologías emergentes como la realidad virtual y aumentada, la blockchain y la computación cuántica también tendrán un impacto en la industria en el futuro. Se espera que estas tecnologías permitan la creación de nuevos productos y servicios y mejoren la experiencia de los clientes.

Además, la implementación de estas tecnologías puede ser una oportunidad para las empresas de innovar y diferenciarse de la competencia.

Transformación digital

La transformación digital seguirá siendo una tendencia relevante en la industria en el futuro. Se espera que las empresas continúen digitalizando procesos y adoptando nuevas tecnologías para mejorar la eficiencia y la productividad.

Además, la transformación digital también puede ser una oportunidad para las empresas de adaptarse a los cambios en las preferencias de los consumidores y mejorar la experiencia del cliente.

Conclusiones

En conclusión, la industria se encuentra en un constante cambio debido a diversas tendencias como la innovación tecnológica, la globalización, la transformación digital, la sostenibilidad y la economía circular. Estas tendencias están transformando la forma en que las empresas operan y en la manera en que se relacionan con sus clientes y con el entorno.

En el futuro, se espera que estas tendencias continúen transformando la industria y que surjan nuevas tendencias como la inteligencia artificial y la automatización, la economía circular y sostenibilidad, las tecnologías emergentes y la transformación digital.

Por lo tanto, es importante que las empresas estén preparadas para adaptarse a estos cambios y aprovechar las oportunidades que surjan. Aquellas que logren adaptarse y adoptar prácticas sostenibles e innovadoras serán las que tengan más éxito en el futuro de la industria.

INTRODUCCIÓN A LAS METODOLOGÍAS INDUSTRIALES

En el mundo actual, donde la competencia es cada vez más intensa y globalizada, es fundamental que las empresas mejoren constantemente sus procesos productivos y servicios para mantenerse en el mercado. Las metodologías industriales son una herramienta clave para lograr esta mejora continua.

Las metodologías industriales son técnicas y herramientas que se utilizan para mejorar la calidad de los procesos, reducir los costos, aumentar la productividad y la eficiencia, y maximizar la satisfacción del cliente. Estas metodologías son aplicables a cualquier industria, desde la manufacturera hasta la de servicios, y pueden ser utilizadas en cualquier etapa del ciclo de vida del producto o servicio.

Una metodología industrial es un conjunto estructurado y sistemático de técnicas, herramientas y procesos que se aplican para mejorar la eficacia y la eficiencia de un proceso productivo o servicio. Estas metodologías permiten una gestión efectiva de los recursos, la identificación de problemas y oportunidades de mejora, y la implementación de soluciones que permitan la optimización del proceso.

Existen diversas metodologías industriales, cada una diseñada para abordar necesidades y objetivos específicos. A continuación, se describen algunas de las más comunes:

Lean Manufacturing: se enfoca en la eliminación de desperdicios y la optimización de la producción. El objetivo es mejorar la eficiencia y la calidad del proceso, reduciendo el tiempo y los costos de producción.

Six Sigma: se centra en la reducción de la variabilidad y la mejora de la calidad. El objetivo es lograr procesos estables y predecibles, eliminando defectos y errores en el proceso.

Kaizen: se basa en la mejora continua y la eliminación de pérdidas. El objetivo es fomentar una cultura de mejora constante, donde se identifiquen y eliminen las fuentes de desperdicio y se mejore la calidad del proceso.

Total Quality Management (TQM): se orienta hacia la satisfacción del cliente y la mejora continua de la calidad. El objetivo es lograr una calidad total en todas las áreas de la empresa, desde la producción hasta el servicio al cliente.

Business Process Management (BPM): se enfoca en la optimización de los procesos de negocio. El objetivo es identificar y eliminar los cuellos de botella y las ineficiencias en los procesos, mejorando la eficiencia y la calidad del proceso.

Cada metodología industrial cuenta con una serie de herramientas específicas para su implementación. Por ejemplo, el lean manufacturing utiliza herramientas como el mapeo de flujo de valor y el kanban, mientras que Six Sigma utiliza herramientas como el análisis de causa raíz y el diseño de experimentos.

La implementación de una metodología industrial no es un proceso sencillo, ya que requiere un compromiso y una dedicación constante de toda la organización. Es necesario que la dirección de la empresa defina claramente los objetivos y establezca una estrategia para lograrlos. También es fundamental la formación y capacitación del personal en las herramientas y técnicas de la metodología elegida.

La implementación de una metodología industrial no solo permite la optimización de los procesos productivos, sino que también contribuye a la motivación y satisfacción de los trabajadores, al proporcionarles herramientas y técnicas que les permiten mejorar su desempeño y su aporte a la empresa. Además, la aplicación de estas metodologías puede contribuir a la reducción de los costos y a la mejora de la calidad, lo que puede tener un impacto significativo en la rentabilidad de la empresa.

Las metodologías industriales también permiten una mejor gestión del riesgo en los procesos productivos. Al identificar y abordar los problemas y oportunidades de mejora, se reduce la posibilidad de errores y fallas en el proceso, lo que a su vez disminuye el riesgo de rechazos de productos y servicios, disminución de la satisfacción del cliente y pérdida de ingresos.

Por otro lado, las metodologías industriales también pueden contribuir a la sostenibilidad ambiental y social de la empresa. Al reducir el desperdicio y la ineficiencia en los procesos, se disminuye el consumo de recursos naturales y energéticos, lo que puede tener un impacto positivo en el medio ambiente. Además, la mejora de la calidad y la satisfacción del cliente pueden contribuir a la reputación y la responsabilidad social de la empresa.

En resumen, las metodologías industriales son una herramienta clave para lograr la mejora continua de los procesos productivos y servicios de una empresa. Estas metodologías permiten la optimización de los recursos, la reducción de los costos, el aumento de la productividad y la satisfacción del cliente, la gestión del riesgo, la sostenibilidad ambiental y social, y la mejora de la rentabilidad de la empresa.

Es importante destacar que la implementación de una metodología industrial no es un proceso aislado, sino que requiere un compromiso constante de toda la organización. Es necesario que la dirección de la empresa defina claramente los objetivos y establezca una estrategia para lograrlos, y que se involucre a todos los niveles de la organización en el proceso. Además, es fundamental la formación y capacitación del personal en las herramientas y técnicas de la metodología elegida, así como la medición y seguimiento constante de los resultados para asegurar la mejora continua.

HISTORIA DE LAS METODOLOGÍAS INDUSTRIALES Y SU EVOLUCIÓN

La evolución de las metodologías industriales ha sido una constante a lo largo de la historia. Desde la revolución industrial hasta nuestros días, las empresas han buscado mejorar sus procesos para hacerlos más eficientes y efectivos. En este capítulo se describirá la evolución de las metodologías industriales a lo largo del tiempo, desde los primeros sistemas de producción artesanales hasta las técnicas modernas de gestión empresarial.

La producción artesanal

Antes de la revolución industrial, la mayoría de los productos se fabricaban de manera artesanal. Los trabajadores se encargaban de realizar todas las etapas del proceso de producción, desde la adquisición de las materias primas hasta la venta del producto final. Esta forma de producción era muy limitada en cuanto a la cantidad de productos que se podían fabricar, y los productos eran de una calidad variable.

Sin embargo, la producción artesanal también tenía sus ventajas. Los trabajadores tenían un conocimiento profundo de los procesos de producción, lo que les permitía realizar ajustes y mejoras sobre la marcha. Además, los productos eran únicos y personalizados, lo que les daba un valor añadido.

La revolución industrial y la producción en masa

Con la llegada de la revolución industrial, se produjo un cambio radical en la forma en que se fabricaban los productos. Los avances tecnológicos permitieron la creación de máquinas que podían realizar tareas repetitivas de manera mucho más rápida y eficiente que los trabajadores manuales. Este fue el inicio de la producción en masa.

La producción en masa permitió la fabricación de grandes cantidades de productos de manera rápida y eficiente. Además, los productos eran de una calidad constante, lo que mejoró la confiabilidad de los productos. Sin embargo, la producción en masa también tenía sus desventajas. Los productos eran iguales entre sí, lo que hacía que perdieran su carácter único y personalizado. Además, el ritmo de producción era muy rápido, lo que hacía que los trabajadores se sintieran como meros engranajes de la máquina.

El Taylorismo y la gestión científica

El Taylorismo es una metodología de gestión empresarial desarrollada por Frederick Winslow Taylor a principios del siglo XX. Esta metodología se basaba en la observación y análisis de los procesos productivos con el fin de mejorar la eficiencia y la productividad.

Taylor creía que la gestión empresarial debía ser una ciencia, y que los procesos productivos podían ser estudiados de manera objetiva y analítica. Para ello, desarrolló una serie de técnicas y herramientas, como el estudio de tiempos y movimientos, el análisis de las tareas, la estandarización de los procesos y la selección y entrenamiento de los trabajadores.

El Taylorismo tuvo un gran impacto en la industria, ya que permitió la mejora de la eficiencia y la productividad en los procesos productivos. Sin embargo, también tuvo sus detractores, que lo acusaban de convertir a los trabajadores en meros robots y de reducir su creatividad e iniciativa.

El Fordismo y la producción en cadena

El Fordismo es una metodología de gestión empresarial desarrollada por Henry Ford en la década de 1910. Esta metodología se basaba en la producción en cadena, un sistema de producción en el que las tareas de producción estaban divididas en tareas específicas y repetitivas, que eran realizadas por trabajadores especializados. De esta manera, se lograba una mayor eficiencia y se reducían los costos de producción.

El Fordismo tuvo un gran impacto en la industria, especialmente en la producción de automóviles. La producción en cadena permitió la fabricación de grandes cantidades de vehículos a un costo más bajo, lo que hizo que los automóviles fueran más accesibles para la población en general.

Sin embargo, la producción en cadena también tenía sus desventajas. Los trabajadores realizaban tareas muy específicas y repetitivas, lo que podía resultar monótono y aburrido. Además, la producción en cadena requería una gran inversión en maquinaria y equipamiento, lo que hacía que las empresas fueran muy dependientes de la demanda del mercado.

La era de la calidad total y la mejora continua

En la década de 1950, surgieron nuevas metodologías de gestión empresarial que se centraban en la mejora continua y la calidad total. Estas metodologías se basaban en la idea de que la mejora continua era esencial para mantener la competitividad en el mercado.

Una de las metodologías más importantes de esta época fue el Sistema Toyota de Producción, desarrollado por la empresa japonesa Toyota. Este sistema se basaba en la mejora continua de los procesos productivos y la eliminación de los desperdicios, con el objetivo de mejorar la eficiencia y la calidad de los productos.

El Sistema Toyota de Producción tuvo un gran impacto en la industria, y se convirtió en una referencia para otras empresas en todo el mundo. Además, sentó las bases para la metodología Lean, que se centraba en la eliminación de los desperdicios y la mejora continua.

La calidad total también fue una metodología importante en esta época. Esta metodología se basaba en la idea de que la calidad debía ser una prioridad en todos los aspectos de la empresa, desde la adquisición de las materias primas hasta la venta del producto final. Para ello, se desarrollaron técnicas y herramientas, como el control estadístico de la calidad y la certificación ISO.

La era digital y la industria moderna

En la actualidad, estamos viviendo una nueva revolución industrial, conocida como la industria moderna. Esta revolución se basa en la digitalización y la automatización de los procesos productivos, con el objetivo de mejorar la eficiencia y la productividad.

La industria moderna se basa en tecnologías como el Internet de las cosas, la inteligencia artificial y el análisis de datos. Estas tecnologías permiten la conexión y la comunicación entre los diferentes equipos y sistemas, lo que permite una mayor coordinación y eficiencia en los procesos productivos.

Además, la industria moderna también se centra en la personalización de los productos. Gracias a la digitalización y la automatización, es posible fabricar productos personalizados de manera eficiente y rentable.

Conclusiones

La evolución de las metodologías industriales ha sido una constante a lo largo de la historia. Desde los sistemas de producción artesanales hasta la industria moderna, las empresas han buscado mejorar sus procesos para hacerlos más eficientes y efectivos.

Cada una de las metodologías descritas en este capítulo tiene sus ventajas y desventajas, y han sido implementadas en diferentes momentos de la historia según las necesidades de las empresas y los avances tecnológicos disponibles.

En la actualidad, la industria moderna está transformando la manera en que se produce y se consume, con una mayor eficiencia y personalización de los productos. Sin embargo, también plantea nuevos desafíos en cuanto a la formación de los trabajadores y la adaptación a los cambios tecnológicos.

Es importante destacar que, más allá de las metodologías específicas, lo fundamental en la industria ha sido siempre la mejora continua y la búsqueda de la eficiencia en los procesos. Esto ha permitido a las empresas adaptarse a los cambios del mercado y mantenerse competitivas a lo largo del tiempo.

En definitiva, la historia de las metodologías industriales es un reflejo de la evolución de la industria y de la sociedad en general. Cada nueva metodología ha sido un avance en términos de eficiencia y productividad, pero también ha planteado nuevos desafíos y ha requerido una adaptación por parte de las empresas y los trabajadores. La industria sigue avanzando y es probable que surjan nuevas metodologías y tecnologías en el futuro, pero la necesidad de mejora continua y eficiencia seguirá siendo una constante en la historia industrial.

CONCEPTOS BÁSICOS DE LAS METODOLOGÍAS INDUSTRIALES

Las metodologías industriales son un conjunto de técnicas y herramientas que se utilizan para mejorar los procesos de producción en las empresas y aumentar su eficiencia y productividad. Estas metodologías se han desarrollado a lo largo de los años para adaptarse a las necesidades de cada empresa y sector, y se basan en principios como la mejora continua, la eliminación de desperdicios y la optimización de los recursos.

En este capítulo se presentarán los conceptos básicos de las metodologías industriales más comunes, como Lean Manufacturing, Six Sigma, Kaizen y Total Quality Management (TQM). Se explicarán los principios fundamentales de cada una de ellas y se compararán para ayudar a los gerentes y profesionales a elegir la metodología más adecuada para su empresa.

Lean Manufacturing

Lean Manufacturing es una metodología que se centra en la eliminación de desperdicios y la optimización de los procesos de producción. Esta metodología se basa en el concepto de que cualquier actividad que no agregue valor al producto o servicio es un desperdicio y debe ser eliminada.

La metodología Lean se enfoca en la reducción de los siete tipos de desperdicios: sobreproducción, tiempo de espera, transporte, procesos innecesarios, inventario excesivo, movimiento innecesario y defectos. Para lograrlo, se utilizan herramientas como el flujo de valor, la estandarización de procesos, el justo a tiempo (JIT), el sistema Kanban y la mejora continua.

El flujo de valor es una herramienta que permite identificar las actividades que agregan valor y las que no lo hacen en el proceso de producción. Con esta información, se pueden eliminar los desperdicios y optimizar el proceso de producción. La estandarización de procesos se utiliza para asegurarse de que todos los empleados sigan los mismos pasos en el proceso de producción, lo que ayuda a reducir los errores y la variabilidad.

El sistema Justo a Tiempo (JIT) es un sistema que se utiliza para minimizar el inventario y reducir el costo de almacenamiento. En lugar de producir grandes cantidades de productos y almacenarlos, se produce la cantidad necesaria en el momento en que se necesita. El sistema Kanban se utiliza para gestionar la producción y el inventario. Se utiliza un sistema de tarjetas para indicar cuándo se necesita producir más unidades de un producto.

La mejora continua es un proceso que implica la identificación y eliminación de los desperdicios de manera constante. Esto se logra a través de la formación de equipos de mejora continua, la implementación de un sistema de retroalimentación y la participación de todos los empleados en la mejora de los procesos.

Six Sigma

Six Sigma es una metodología que se centra en la reducción de la variabilidad y la eliminación de defectos en los procesos de producción. El objetivo de Six Sigma es lograr un proceso en el que el número de defectos sea inferior a 3,4 por millón de oportunidades.

La metodología Six Sigma se basa en el modelo DMAIC (Definir, Medir, Analizar, Mejorar, Controlar), que es un enfoque sistemático para la mejora de procesos. El primer paso es definir el problema y establecer los objetivos del proyecto. El siguiente paso es medir la variabilidad del proceso y recopilar datos para identificar los puntos críticos. Después se realiza un análisis detallado de los datos para identificar las causas raíz de los problemas. Con esta información, se pueden diseñar soluciones para mejorar el proceso. Finalmente, se establecen controles para asegurarse de que el proceso se mantenga en el nivel de calidad deseado.

En Six Sigma, se utilizan herramientas como el diagrama de Ishikawa, la matriz

FMEA (Análisis de Modo y Efecto de Fallas), la capacidad del proceso y el análisis de correlación para identificar y resolver problemas en el proceso de producción.

Kaizen

Kaizen es una metodología que se centra en la mejora continua y se basa en el concepto de que cualquier proceso puede ser mejorado. La metodología Kaizen se enfoca en la mejora de los procesos a través de pequeños cambios constantes en lugar de grandes cambios de una sola vez.

En Kaizen, se utilizan herramientas como el análisis de flujo de procesos, el trabajo estandarizado, los equipos de mejora y la eliminación de desperdicios para mejorar los procesos. El análisis de flujo de procesos permite identificar las actividades que no agregan valor y eliminarlas. El trabajo estandarizado se utiliza para asegurarse de que todos los empleados sigan los mismos pasos en el proceso de producción.

Los equipos de mejora son grupos de empleados que se reúnen regularmente para identificar y resolver problemas en los procesos de producción. La eliminación de desperdicios es una práctica constante en Kaizen que se centra en la eliminación de cualquier actividad que no agregue valor.

Total Quality Management (TQM)

Total Quality Management (TQM) es una metodología que se enfoca en la calidad en todos los aspectos de la empresa, no solo en la producción. TQM se basa en el concepto de que la calidad es responsabilidad de todos los empleados y no solo de los trabajadores de producción.

En TQM, se utilizan herramientas como la planificación de calidad, el control de calidad, la mejora continua y la satisfacción del cliente para mejorar la calidad en toda la empresa. La planificación de calidad se enfoca en establecer objetivos de calidad y desarrollar un plan para alcanzarlos. El control de calidad se utiliza para asegurarse de que los productos o servicios cumplan con los estándares de calidad establecidos.

La mejora continua se enfoca en la identificación y eliminación de desperdicios en todos los aspectos de la empresa. La satisfacción del cliente se enfoca en garantizar que los productos o servicios cumplan con las expectativas del cliente.

Comparación de las metodologías

Cada una de las metodologías industriales mencionadas tiene sus fortalezas y debilidades. Lean Manufacturing se enfoca en la eliminación de desperdicios y la optimización de los procesos de producción, pero puede no ser adecuado para empresas que producen productos altamente personalizados. Six Sigma se enfoca en la reducción de la variabilidad y la eliminación de defectos, pero puede ser costoso de implementar.

Kaizen se enfoca en la mejora continua a través de pequeños cambios constantes, lo que lo hace adecuado para empresas que buscan mejorar sus procesos de manera constante y no de una sola vez. TQM se enfoca en la calidad en todos los aspectos de la empresa, lo que lo hace adecuado para empresas que buscan mejorar su calidad en todos los aspectos de su operación.

En términos de implementación, Lean Manufacturing y Kaizen son relativamente fáciles de implementar, ya que se enfocan en pequeños cambios y mejoras constantes en el proceso de producción. Six Sigma y TQM, por otro lado, requieren una mayor inversión en tiempo y recursos para su implementación.

En cuanto a los resultados, Lean Manufacturing y Kaizen tienden a producir resultados rápidos y tangibles en términos de reducción de desperdicios y mejora de la eficiencia. Six Sigma y TQM pueden tomar más tiempo para producir resultados tangibles, pero pueden producir mejoras significativas en la calidad del producto o servicio.

Es importante destacar que ninguna de estas metodologías es una solución única para todas las empresas y situaciones. Cada empresa debe analizar sus necesidades específicas y elegir la metodología que mejor se adapte a sus necesidades.

Conclusiones

En resumen, las metodologías industriales son enfoques sistemáticos y estructurados que se utilizan para mejorar la eficiencia y la calidad en la producción. Hay varias metodologías industriales, incluyendo Lean Manufacturing, Six Sigma, Kaizen y TQM, cada una con sus fortalezas y debilidades.

El objetivo de Lean Manufacturing es eliminar los desperdicios en el proceso de producción y optimizar los procesos. Six Sigma se enfoca en la reducción de la variabilidad y la eliminación de defectos en el proceso de producción. Kaizen se enfoca en la mejora continua a través de pequeños cambios constantes, mientras que TQM se enfoca en la calidad en todos los aspectos de la empresa.

Cada empresa debe analizar sus necesidades específicas y elegir la metodología que mejor se adapte a sus necesidades. También es importante tener en cuenta que la implementación de estas metodologías requiere una inversión significativa en tiempo y recursos, y que los resultados pueden tomar tiempo en producirse. Sin embargo, una vez implementadas, estas metodologías pueden producir mejoras significativas en la eficiencia y la calidad de la producción.

IMPORTANCIA DE LAS METODOLOGÍAS INDUSTRIALES EN LA MEJORA CONTINUA DE PROCESOS

El rugido ensordecedor de las máquinas llenaba la planta de producción, mientras los trabajadores se movían con destreza, realizando sus tareas diarias en un baile bien coordinado. Sin embargo, a pesar del constante zumbido de la actividad industrial, algo no parecía estar funcionando del todo bien.

Ese era el caso de la empresa ABC, una fábrica de productos electrónicos que había estado experimentando problemas con su línea de producción. Los retrasos en la entrega y la calidad inconsistente de los productos habían llevado a la empresa a perder clientes y a sufrir una disminución en sus ingresos. En busca de una solución, el equipo de gestión de ABC decidió implementar metodologías industriales en su proceso de producción.

La mejora continua de procesos a través de metodologías industriales ha sido una herramienta valiosa para las empresas en todo el mundo. Estas metodologías permiten a las empresas optimizar sus procesos de producción y mejorar la eficiencia en su cadena de suministro, lo que se traduce en una mayor satisfacción del cliente y mayores ganancias. En este capítulo, exploraremos la importancia de las metodologías industriales en la mejora continua de procesos y cómo pueden ser implementadas con éxito en una empresa.

¿Qué son las metodologías industriales?

Las metodologías industriales son un conjunto de técnicas y herramientas que se utilizan para mejorar los procesos de producción en una empresa. Estas metodologías están diseñadas para ayudar a las empresas a optimizar sus operaciones y mejorar la calidad de sus productos, lo que se traduce en una mayor satisfacción del cliente y mayores ganancias.

Existen varias metodologías industriales populares, cada una con sus propias fortalezas y debilidades. Algunas de las metodologías industriales más comunes incluyen:

Lean Manufacturing: esta metodología se centra en la eliminación de cualquier actividad que no agregue valor al proceso de producción, lo que permite a las empresas reducir los costos y mejorar la calidad de sus productos.

Six Sigma: esta metodología se enfoca en la reducción de la variabilidad en los procesos de producción, lo que ayuda a las empresas a mejorar la calidad de sus productos y a reducir los costos asociados con los defectos.

Theory of Constraints: esta metodología se enfoca en la identificación de los cuellos de botella en el proceso de producción y la implementación de soluciones para eliminarlos, lo que permite a las empresas mejorar la eficiencia en su cadena de suministro.

Total Productive Maintenance: esta metodología se enfoca en la mejora del mantenimiento de los equipos de producción, lo que permite a las empresas reducir el tiempo de inactividad y mejorar la eficiencia en su proceso de producción.

5S: esta metodología se enfoca en la organización y limpieza del área de trabajo, lo que ayuda a las empresas a mejorar la seguridad en el lugar de trabajo y la eficiencia en el proceso de producción.

La elección de la metodología industrial adecuada dependerá de los objetivos específicos de la empresa y de las áreas que se deseen mejorar en su proceso de producción.

La importancia de las metodologías industriales en la mejora continua de procesos

Las metodologías industriales son esenciales para la mejora continua de procesos en una empresa. Al implementar estas metodologías, las empresas pueden mejorar la calidad de sus productos, reducir los costos y mejorar la eficiencia en su cadena de suministro. Esto, a su vez, puede llevar a una mayor satisfacción del cliente y mayores ganancias.

Además, las metodologías industriales también ayudan a las empresas a identificar y resolver problemas en sus procesos de producción de manera más rápida y eficiente. Esto es especialmente importante en un entorno empresarial cada vez más competitivo, donde la velocidad y la eficiencia son clave para el éxito.

Otro beneficio de las metodologías industriales es que promueven la colaboración y el trabajo en equipo entre los empleados de la empresa. Al trabajar juntos para identificar y resolver problemas en el proceso de producción, los empleados pueden desarrollar una comprensión más profunda de los procesos y mejorar su capacidad para trabajar juntos de manera efectiva.

Cómo implementar metodologías industriales en una empresa

La implementación de metodologías industriales en una empresa puede ser un proceso complejo, pero hay algunas pautas generales que las empresas pueden seguir para garantizar el éxito de su implementación.

Identificar los objetivos: es importante que la empresa identifique claramente los objetivos que desea lograr al implementar una metodología industrial. ¿Está buscando reducir los costos, mejorar la calidad de los productos o mejorar la eficiencia en su cadena de suministro? Una vez que se hayan identificado los objetivos, será más fácil seleccionar la metodología industrial adecuada para lograrlos.

Formación: es importante que los empleados de la empresa reciban la formación adecuada sobre la metodología industrial que se va a implementar. Esto les permitirá entender la metodología, sus beneficios y cómo pueden contribuir a su éxito.

Comunicación: es importante que la empresa comunique claramente la implementación de la metodología industrial a todos los empleados. Esto les permitirá entender por qué se está implementando la metodología, qué se espera de ellos y cómo pueden contribuir a su éxito.

Identificación y solución de problemas: es importante que la empresa identifique los problemas en su proceso de producción y los resuelva antes de implementar la metodología industrial. Esto asegurará que la implementación de la metodología sea más efectiva.

Monitoreo y evaluación: es importante que la empresa monitoree y evalúe la implementación de la metodología industrial para asegurarse de que se están logrando los objetivos deseados. Esto permitirá a la empresa realizar ajustes si es necesario y asegurarse de que la metodología se está implementando de manera efectiva.

Conclusión

Las metodologías industriales son esenciales para la mejora continua de procesos en una empresa. Al implementar estas metodologías, las empresas pueden mejorar la calidad de sus productos, reducir los costos y mejorar la eficiencia en su cadena de suministro. Además, las metodologías industriales también ayudan a las empresas a identificar y resolver problemas en sus procesos de producción de manera más rápida y eficiente. Al seguir algunas pautas generales, las empresas pueden implementar metodologías industriales con éxito y mejorar su proceso de producción de manera efectiva.

TIPOS DE METODOLOGÍAS INDUSTRIALES Y SUS APLICACIONES

La industria ha evolucionado significativamente en los últimos años, y con ella han surgido una variedad de metodologías que buscan mejorar la eficiencia y calidad de los procesos industriales. En este capítulo, se explorarán algunas de las metodologías más utilizadas en la industria, junto con sus aplicaciones y beneficios.

Metodologías industriales:

Lean Manufacturing:

El Lean Manufacturing es una metodología que se enfoca en reducir los tiempos de producción y eliminar los desperdicios en el proceso. Esta metodología se basa en la eliminación de cualquier actividad que no agregue valor al producto o servicio final. Algunas de las herramientas utilizadas en esta metodología son el Kanban, la producción justa a tiempo (JIT) y la mejora continua.

Una de las aplicaciones más conocidas del Lean Manufacturing es en la fabricación de automóviles. Toyota fue una de las primeras empresas en adoptar esta metodología, lo que les permitió mejorar la calidad y eficiencia de su producción. Hoy en día, muchas empresas utilizan esta metodología para optimizar sus procesos y mejorar su rentabilidad.

Six Sigma:

El Six Sigma es otra metodología que busca mejorar la calidad de los procesos industriales. Esta metodología se enfoca en la eliminación de defectos en los procesos y en la reducción de la variabilidad. El objetivo del Six Sigma es alcanzar un nivel de calidad casi perfecto en la producción.

El Six Sigma utiliza una metodología estadística para medir la calidad y reducir los defectos en los procesos. Esta metodología se divide en cinco fases: Definir, Medir, Analizar, Mejorar y Controlar (DMAIC, por sus siglas en inglés). Algunas de las herramientas utilizadas en el Six Sigma son la gráfica de control, el análisis de Pareto y la regresión lineal.

El Six Sigma ha sido utilizado con éxito en la industria alimentaria, en la fabricación de dispositivos médicos y en la producción de componentes electrónicos. Empresas como General Electric y Motorola han implementado esta metodología en sus procesos, lo que les ha permitido mejorar la calidad de sus productos y reducir los costos de producción.

Total Productive Maintenance (TPM):

El Total Productive Maintenance (TPM) es una metodología que se enfoca en la mejora de la eficiencia de los equipos industriales. Esta metodología se basa en la prevención de fallos en los equipos y en la mejora continua de los mismos. El objetivo del TPM es reducir el tiempo de inactividad de los equipos y mejorar su productividad.

El TPM se divide en ocho pilares: Mejora enfocada, Mantenimiento autónomo, Mantenimiento planificado, Capacitación y educación, Mantenimiento de calidad, Mantenimiento de seguridad, Mantenimiento administrativo y Mejora continua. Cada uno de estos pilares se enfoca en una área específica del mantenimiento de los equipos.

El TPM ha sido utilizado con éxito en la industria manufacturera, en la producción de alimentos y en la industria química. Empresas como Coca-Cola y Toyota han implementado esta metodología en sus procesos, lo que les ha permitido mejorar la eficiencia de sus equipos y reducir los costos de mantenimiento.

Quick Response Manufacturing (QRM):

El Quick Response Manufacturing es una metodología que se enfoca en la reducción del tiempo de respuesta en la producción y en la eliminación de los tiempos de espera en el proceso. Esta metodología se basa en la eliminación de los cuellos de botella en la producción y en la reducción de los tiempos de cambio de herramientas. Algunas de las herramientas utilizadas en el QRM son el análisis de flujo de valor y la gestión de la capacidad.

El QRM ha sido utilizado con éxito en la industria de la fabricación, en la producción de alimentos y en la industria de la salud. Empresas como Harley-Davidson y L'Oréal han implementado esta metodología en sus procesos, lo que les ha permitido reducir el tiempo de entrega de sus productos y mejorar la satisfacción del cliente.

Design for Six Sigma (DFSS):

El Design for Six Sigma es una metodología que se enfoca en la mejora de la calidad del diseño de los productos. Esta metodología se basa en la identificación y eliminación de las causas de los defectos en el diseño. Algunas de las herramientas utilizadas en el DFSS son el análisis de riesgos y la evaluación de la voz del cliente.

El DFSS ha sido utilizado con éxito en la industria automotriz, en la producción de dispositivos médicos y en la industria de la electrónica. Empresas como Ford y Philips han implementado esta metodología en sus procesos de diseño, lo que les ha permitido mejorar la calidad de sus productos y reducir los costos de producción.

Theory of Constraints (TOC):

La Theory of Constraints es una metodología que se enfoca en la identificación y eliminación de los cuellos de botella en la producción. Esta metodología se basa en la identificación de la restricción más crítica en el proceso y en la eliminación de los impedimentos que limitan la producción. Algunas de las herramientas utilizadas en la TOC son el análisis de la cadena crítica y la gestión de inventarios.

La TOC ha sido utilizada con éxito en la industria manufacturera, en la producción de alimentos y en la industria de la salud. Empresas como Procter & Gamble y Eli Lilly han implementado esta metodología en sus procesos, lo que les ha permitido identificar los cuellos de botella en la producción y mejorar la eficiencia de sus procesos.

Conclusión:

La implementación de estas metodologías en la industria puede llevar a una mejora significativa en la eficiencia y calidad de los procesos, lo que se traduce en una mayor rentabilidad y satisfacción del cliente. Cada una de estas metodologías se enfoca en un área específica de mejora, pero todas tienen en común la búsqueda de la excelencia en la producción.

Es importante destacar que no existe una metodología perfecta, y que cada empresa debe evaluar cuál es la más adecuada para sus procesos y objetivos. La implementación de estas metodologías requiere un cambio en la cultura empresarial, una inversión en capacitación y la participación activa de todos los empleados.

En definitiva, la aplicación de estas metodologías en la industria puede ser la clave para mejorar la eficiencia y calidad de los procesos, lo que se traduce en una mayor rentabilidad y satisfacción del cliente. Es importante que las empresas estén dispuestas a invertir en la implementación de estas metodologías y en la capacitación de su personal para asegurar su éxito a largo plazo.

PROCESOS Y PROCEDIMIENTOS DE LAS METODOLOGÍAS INDUSTRIALES

En el mundo industrial, la eficiencia y la productividad son fundamentales para lograr el éxito. Para ello, se han desarrollado diversas metodologías que buscan mejorar los procesos y procedimientos de las empresas, con el objetivo de optimizar la utilización de los recursos y reducir los costos. En este capítulo, exploraremos las principales metodologías industriales y cómo pueden aplicarse en diferentes ámbitos empresariales.

La optimización de los procesos y procedimientos puede ser un desafío complejo para las empresas. En un entorno en constante cambio, es importante contar con herramientas y estrategias que permitan adaptarse rápidamente a las nuevas demandas del mercado y mantener una posición competitiva. A continuación, veremos las metodologías más populares y cómo se aplican en la industria.

Metodología Lean Manufacturing

La metodología Lean Manufacturing, también conocida como producción ajustada, es una técnica que se enfoca en la eliminación de todo aquello que no agrega valor al proceso productivo. Esta técnica nació en Japón en la década de los 50, gracias a Toyota y su sistema de producción. El objetivo principal de esta metodología es reducir los costos, aumentar la eficiencia y mejorar la calidad de los productos.

La metodología Lean Manufacturing se basa en cinco principios fundamentales:

Identificar el valor: El primer paso es determinar cuál es el valor que se ofrece al cliente y cómo se puede mejorar este valor.

Mapear el flujo de valor: Una vez identificado el valor, se debe analizar el proceso productivo para identificar las actividades que agregan valor y las que no.

Crear flujo continuo: Se trata de eliminar las actividades que no agregan valor y crear un flujo de trabajo continuo.

Establecer una producción pull: En lugar de producir en función de la demanda, se produce en función del consumo real, evitando así la acumulación de inventarios.

Buscar la perfección: El objetivo final es la mejora continua del proceso, eliminando todas las actividades que no agregan valor y mejorando las que sí lo hacen.

La aplicación de la metodología Lean Manufacturing puede ser beneficiosa para las empresas, ya que permite reducir costos, mejorar la eficiencia y aumentar la calidad de los productos. Además, esta metodología se puede aplicar en cualquier tipo de empresa, independientemente de su tamaño o sector.

Metodología Six Sigma

La metodología Six Sigma es una técnica que busca mejorar la calidad de los procesos productivos y reducir los errores o defectos en los productos. Esta metodología se basa en un enfoque sistemático y riguroso para identificar y corregir los problemas en el proceso productivo.

El objetivo principal de la metodología Six Sigma es reducir la variación en el proceso productivo, para así lograr un producto final más consistente y de mayor calidad. Para ello, se establecen dos niveles de calidad:

Sigma 6: El objetivo es reducir los defectos en un 99,99966%, lo que se traduce en solo 3,4 defectos por millón de productos.

Sigma 3: El objetivo es reducir los defectos en un 93,32%, lo que se traduce en 66.800 defectos por millón de productos.

La metodología Six Sigma se basa en cinco fases:

Definir: En esta fase se establecen los objetivos y los alcances del proyecto, se identifican los clientes y se establecen los requerimientos del proceso productivo.

Medir: En esta fase se mide la variación del proceso productivo y se establecen los indicadores de calidad.

Analizar: En esta fase se analizan los datos recopilados y se identifican las causas de los problemas o defectos.

Mejorar: En esta fase se implementan las soluciones para mejorar el proceso productivo y se llevan a cabo pruebas para evaluar su efectividad.

Controlar: En esta fase se establecen medidas para mantener los cambios implementados y se monitorea el proceso productivo para asegurarse de que se mantenga dentro de los estándares de calidad establecidos.

La metodología Six Sigma puede ser beneficioso para las empresas, ya que permite reducir los errores y defectos en los productos, mejorar la calidad y reducir los costos. Además, se enfoca en el cliente y en la satisfacción de sus necesidades, lo que puede mejorar la reputación de la empresa y aumentar la fidelidad del cliente.

Metodología 5S

La metodología 5S es una técnica que se enfoca en la organización y limpieza de los espacios de trabajo. Esta técnica fue desarrollada en Japón por Toyota, como parte de su sistema de producción.

La metodología 5S se basa en cinco principios:

Clasificar: Se trata de identificar y separar los elementos necesarios de los innecesarios en el espacio de trabajo.

Ordenar: Una vez que se han identificado los elementos necesarios, se organizan de manera que sean fáciles de encontrar y usar.

Limpiar: Se trata de mantener el espacio de trabajo limpio y ordenado, para evitar la acumulación de residuos y suciedad.

Estandarizar: Se establecen procedimientos y estándares para mantener el espacio de trabajo limpio y ordenado de manera constante.

Sostener: Se trata de mantener el espacio de trabajo limpio y ordenado de manera constante, mediante la implementación de procedimientos y estándares.

La metodología 5S puede ser beneficiosa para las empresas, ya que permite mejorar la organización y limpieza del espacio de trabajo, lo que puede aumentar la eficiencia y la productividad. Además, puede mejorar la seguridad en el lugar de trabajo, al reducir los riesgos de accidentes y lesiones.

Conclusión

En conclusión, las metodologías industriales son herramientas valiosas para mejorar los procesos y procedimientos de las empresas. La metodología Lean Manufacturing permite eliminar las actividades que no agregan valor y crear un flujo de trabajo continuo, lo que puede reducir los costos y mejorar la eficiencia. La metodología Six Sigma se enfoca en mejorar la calidad y reducir los errores y defectos en los productos, lo que puede aumentar la satisfacción del cliente y mejorar la reputación de la empresa. La metodología 5S se enfoca en la organización y limpieza del espacio de trabajo, lo que puede aumentar la eficiencia y la seguridad en el lugar de trabajo. Cada una de estas metodologías puede aplicarse en diferentes ámbitos empresariales, independientemente del tamaño o sector de la empresa. Es importante recordar que la aplicación de estas metodologías requiere compromiso y dedicación por parte de la empresa y de sus empleados, pero los beneficios pueden ser significativos en términos de eficiencia, calidad y rentabilidad.

Es recomendable que las empresas evalúen sus necesidades y objetivos específicos antes de elegir una metodología industrial a implementar. Además, es importante que la empresa proporcione la capacitación y el apoyo necesarios a sus empleados para asegurar una implementación exitosa.

Por último, es importante recordar que las metodologías industriales no son soluciones mágicas para resolver todos los problemas de una empresa. Estas herramientas son útiles, pero deben ser implementadas de manera estratégica y adaptarse a las necesidades y objetivos específicos de la empresa. La clave del éxito es el compromiso y la dedicación constante a la mejora continua.

En resumen, las metodologías industriales son un conjunto de técnicas y herramientas que se utilizan para mejorar los procesos y procedimientos de las empresas. La metodología Lean Manufacturing se enfoca en eliminar las actividades que no agregan valor y crear un flujo de trabajo continuo. La metodología Six Sigma se enfoca en mejorar la calidad y reducir los errores y defectos en los productos. La metodología 5S se enfoca en la organización y limpieza del espacio de trabajo. Cada una de estas metodologías puede aplicarse en diferentes ámbitos empresariales y puede ser beneficiosa para mejorar la eficiencia, la calidad y la rentabilidad. La aplicación exitosa de estas metodologías requiere compromiso y dedicación por parte de la empresa y de sus empleados, y deben ser adaptadas a las necesidades y objetivos específicos de la empresa.

HERRAMIENTAS Y TÉCNICAS DE LAS METODOLOGÍAS INDUSTRIALES

Las metodologías industriales son herramientas y técnicas que las empresas pueden utilizar para mejorar la calidad, eficiencia y rentabilidad de sus procesos de producción. Estas metodologías se basan en la identificación y eliminación de desperdicios, problemas y errores en los procesos de producción.

Las metodologías industriales son un conjunto de herramientas y técnicas que las empresas pueden utilizar para mejorar sus procesos de producción y aumentar su rentabilidad. Algunas de las metodologías industriales más comunes incluyen Lean Manufacturing, Six Sigma, Total Quality Management, Justo a Tiempo (JIT), Poka-yoke y Kaizen. Cada metodología se enfoca en aspectos específicos de la producción, pero todas tienen en común el objetivo de mejorar la calidad, la eficiencia y la rentabilidad de los procesos.

Lean Manufacturing

El Lean Manufacturing es una metodología que se enfoca en la eliminación de desperdicios en la producción. Los desperdicios son cualquier cosa que no agregue valor al producto o al proceso de producción. Los desperdicios pueden incluir tiempos de espera, movimiento innecesario, sobreproducción, defectos, exceso de inventario, entre otros.

El proceso de Lean Manufacturing implica la identificación y eliminación de desperdicios en la producción. Los trabajadores utilizan herramientas y técnicas como el Value Stream Mapping y el Análisis de Flujo de Proceso para identificar los desperdicios en la producción y diseñar procesos más eficientes.

El Lean Manufacturing es especialmente útil para las empresas que producen grandes cantidades de productos similares. Al eliminar los desperdicios en la producción, las empresas pueden reducir los costos y mejorar la eficiencia de los procesos.

Six Sigma

Six Sigma es una metodología utilizada para mejorar la calidad de los productos y procesos de producción. Se basa en la idea de que los errores y problemas en los procesos de producción pueden ser identificados y eliminados mediante el análisis de datos y la implementación de soluciones.

El proceso de Six Sigma implica la definición, medición, análisis, mejora y control (DMAIC) de los procesos de producción. Los trabajadores utilizan herramientas y técnicas como el Análisis de Causa Raíz y el Diseño de Experimentos para identificar los problemas en la producción y diseñar soluciones para mejorar la calidad y eficiencia de los procesos.

Six Sigma es especialmente útil para las empresas que producen productos de alta calidad que requieren un proceso de producción preciso y bien definido. Al mejorar la calidad de los productos y procesos de producción, las empresas pueden aumentar la satisfacción del cliente y mejorar su reputación en el mercado.

Total Quality Management (TQM)

Total Quality Management (TQM) es una metodología utilizada para mejorar la calidad de los productos y procesos de producción mediante la implementación de un enfoque de calidad en toda la empresa. Se basa en la idea de que la calidad es responsabilidad de todos los trabajadores y departamentos de la empresa.

El proceso de TQM implica la identificación y eliminación de problemas y desperdicios en todos los procesos de la empresa. Los trabajadores utilizan herramientas y técnicas como el Análisis de Pareto y el Diagrama de Ishikawa para identificar los problemas y diseñar soluciones para mejorar la calidad y eficiencia de los procesos.

TQM es especialmente útil para las empresas que buscan mejorar la calidad de sus productos y procesos de producción en todos los departamentos y procesos de la empresa. Al implementar un enfoque de calidad en toda la empresa, las empresas pueden mejorar la satisfacción del cliente y la reputación de la empresa.

Justo a Tiempo (JIT)

Justo a Tiempo (JIT) es una metodología utilizada para mejorar la eficiencia de los procesos de producción mediante la entrega de materiales, piezas y componentes justo en el momento en que son necesarios para la producción. Se basa en la idea de que el exceso de inventario y la sobreproducción son desperdicios que pueden ser eliminados mediante la entrega justo a tiempo.

El proceso de JIT implica la identificación y eliminación de desperdicios en la producción mediante la entrega justo a tiempo de materiales, piezas y componentes. Los trabajadores utilizan herramientas y técnicas como el Kanban y el Flujo Continuo para diseñar procesos más eficientes y reducir el tiempo de espera y los costos de producción.

JIT es especialmente útil para las empresas que producen productos con una demanda variable. Al reducir el exceso de inventario y la sobreproducción, las empresas pueden reducir los costos y mejorar la eficiencia de los procesos de producción.

Poka-yoke

Poka-yoke es una metodología utilizada para prevenir errores y problemas en la producción mediante la implementación de dispositivos y sistemas de prevención de errores. Se basa en la idea de que los errores en la producción son inevitables, pero pueden ser prevenidos mediante la implementación de sistemas y dispositivos de prevención de errores.

El proceso de Poka-yoke implica la identificación de errores y problemas en la producción y el diseño e implementación de dispositivos y sistemas de prevención de errores. Los trabajadores utilizan herramientas y técnicas como el Diseño de Poka-yoke para diseñar procesos más eficientes y reducir los errores y problemas en la producción.

Poka-yoke es especialmente útil para las empresas que producen productos complejos y de alta calidad que requieren un proceso de producción preciso y bien definido. Al prevenir errores y problemas en la producción, las empresas pueden mejorar la calidad de los productos y reducir los costos de producción.

Kaizen

Kaizen es una metodología utilizada para lograr la mejora continua en los procesos de producción mediante la implementación de pequeñas mejoras en los procesos de producción. Se basa en la idea de que la mejora continua es un proceso constante y que las pequeñas mejoras en los procesos de producción pueden sumar grandes mejoras a lo largo del tiempo.

El proceso de Kaizen implica la identificación y eliminación de desperdicios y problemas en los procesos de producción mediante la implementación de pequeñas mejoras en los procesos. Los trabajadores utilizan herramientas y técnicas como el Kaizen Blitz y el Análisis de Valor para diseñar procesos más eficientes y reducir los desperdicios y problemas en la producción.

Kaizen es especialmente útil para las empresas que buscan lograr la mejora continua en sus procesos de producción a lo largo del tiempo. Al implementar pequeñas mejoras en los procesos de producción, las empresas pueden lograr grandes mejoras en la calidad, eficiencia y rentabilidad de sus procesos de producción.

Conclusión

En resumen, las metodologías industriales son herramientas y técnicas que las empresas pueden utilizar para mejorar la calidad, eficiencia y rentabilidad de sus procesos de producción. La implementación de estas metodologías puede ayudar a las empresas a reducir los costos de producción, mejorar la calidad de los productos y aumentar la satisfacción del cliente.

Las seis metodologías descritas en este capítulo son solo algunas de las muchas herramientas y técnicas disponibles para mejorar los procesos de producción en las empresas. Cada empresa debe evaluar sus propias necesidades y objetivos y seleccionar las herramientas y técnicas que mejor se adapten a sus necesidades.

Es importante destacar que la implementación de estas metodologías no es un proceso único, sino que debe ser un proceso continuo de mejora. Las empresas deben estar dispuestas a adaptarse y cambiar sus procesos de producción a medida que cambian las necesidades y objetivos del negocio.

Además, la implementación exitosa de estas metodologías requiere un compromiso por parte de la dirección de la empresa y la colaboración de todos los empleados. Todos los miembros del equipo deben estar dispuestos a aprender nuevas herramientas y técnicas y trabajar juntos para implementar cambios en los procesos de producción.

En última instancia, la implementación de estas metodologías industriales puede ayudar a las empresas a mejorar la calidad de sus productos, reducir los costos de producción y mejorar la eficiencia de sus procesos de producción. Esto puede llevar a un aumento en la satisfacción del cliente, una mejor reputación de la empresa y un aumento en la rentabilidad del negocio a largo plazo.

SELECCIÓN DE LA METODOLOGÍA INDUSTRIAL ADECUADA PARA CADA PROYECTO

La metodología industrial es un conjunto de técnicas, herramientas y procesos utilizados para diseñar, desarrollar y mejorar productos y procesos industriales. La selección de la metodología adecuada es esencial para el éxito del proyecto, ya que puede afectar la eficiencia del proceso, los costos y la calidad del producto final.

En este capítulo, se describirán cinco metodologías industriales comunes: el diseño para la manufacturabilidad (DFM), la ingeniería concurrente, el diseño para la calidad (DFQ), la metodología Lean y la metodología Six Sigma. Además, se proporcionarán ejemplos de cómo se pueden aplicar estas metodologías en diferentes proyectos industriales.

Diseño para la manufacturabilidad (DFM)

El diseño para la manufacturabilidad (DFM) es una metodología que se centra en el diseño de productos para que sean fáciles y económicos de fabricar. Esta metodología se utiliza para reducir los costos de producción y mejorar la calidad del producto final.

Un ejemplo de cómo se puede aplicar la metodología DFM es en la producción de piezas de plástico. En este proyecto, se puede utilizar la metodología DFM para diseñar piezas que sean fáciles de moldear, lo que reduce el tiempo y el costo de producción. Por ejemplo, se puede diseñar la pieza de tal manera que se necesite una cantidad mínima de materiales y que sea fácil de extraer del molde sin causar daños en la pieza.

Ingeniería concurrente

La ingeniería concurrente es una metodología que se utiliza para acelerar el desarrollo del producto al involucrar a todas las partes interesadas en el proceso de diseño desde el principio. Esta metodología se utiliza para mejorar la eficiencia del proceso y reducir el tiempo de desarrollo.

Un ejemplo de cómo se puede aplicar la metodología de ingeniería concurrente es en el diseño de un nuevo producto electrónico. En este proyecto, se pueden involucrar a todas las partes interesadas en el proceso de diseño desde el principio, como los ingenieros, los diseñadores, los proveedores y los usuarios finales. Al trabajar juntos, las partes interesadas pueden identificar y resolver problemas rápidamente, lo que reduce el tiempo de desarrollo y mejora la calidad del producto final.

Diseño para la calidad (DFQ)

El diseño para la calidad (DFQ) es una metodología que se utiliza para diseñar productos de alta calidad desde el principio. Esta metodología se utiliza para mejorar la calidad del producto final y reducir los costos de producción y los tiempos de ciclo.

Un ejemplo de cómo se puede aplicar la metodología DFQ es en la producción de automóviles. En este proyecto, se puede utilizar la metodología DFQ para diseñar automóviles que sean seguros, confiables y de alta calidad. El diseño para la calidad puede ayudar a identificar problemas potenciales en el diseño y prevenir defectos de calidad en la fase de producción. Por ejemplo, se pueden utilizar herramientas de análisis de riesgos para identificar y mitigar los riesgos de seguridad en el diseño del automóvil.

Metodología Lean

La metodología Lean es un enfoque que se centra en la eliminación de desperdicios y la mejora continua. Esta metodología es adecuada para proyectos en los que se busca reducir los costos y aumentar la productividad, al tiempo que se mejora la calidad del producto final.

Un ejemplo de cómo se puede aplicar la metodología Lean es en la producción de alimentos. En este proyecto, se pueden identificar los procesos que no agregan valor, como los tiempos de espera, los movimientos innecesarios y el transporte de materiales. Se pueden aplicar técnicas Lean, como el Kaizen (mejora continua), el Just-in-Time (producción ajustada) y el Value Stream Mapping (mapeo del flujo de valor) para reducir los costos, mejorar la eficiencia y aumentar la calidad del producto final.

Metodología Six Sigma

La metodología Six Sigma es un enfoque estadístico para la mejora de procesos que se utiliza para reducir los defectos y mejorar la calidad del producto final. Esta metodología se basa en la recopilación y análisis de datos para identificar y eliminar las causas raíz de los problemas en el proceso.

Un ejemplo de cómo se puede aplicar la metodología Six Sigma es en la producción de dispositivos médicos. En este proyecto, se pueden identificar los procesos que causan defectos y se pueden recopilar datos para analizar el rendimiento del proceso. La metodología Six Sigma utiliza herramientas estadísticas para identificar las causas raíz de los problemas y mejorar el proceso para reducir los defectos y aumentar la calidad del producto final.

Selección de la metodología adecuada

La selección de la metodología adecuada depende del tipo de proyecto y de los objetivos del negocio. A continuación, se presentan algunos factores a considerar al seleccionar una metodología industrial:

Tipo de proyecto: el tipo de proyecto puede influir en la elección de la metodología adecuada. Por ejemplo, la metodología Lean puede ser adecuada para proyectos de producción en masa, mientras que la metodología Six Sigma puede ser más adecuada para proyectos de mejora continua.

Objetivos del negocio: los objetivos del negocio pueden influir en la elección de la metodología adecuada. Por ejemplo, si el objetivo del negocio es reducir los costos, la metodología Lean puede ser más adecuada. Si el objetivo es mejorar la calidad, la metodología DFQ o Six Sigma pueden ser más adecuadas.

Recursos disponibles: los recursos disponibles, como el tiempo, el presupuesto y la experiencia del personal, pueden influir en la elección de la metodología adecuada. Algunas metodologías pueden requerir más recursos que otras, por lo que es importante considerar la disponibilidad de recursos antes de seleccionar una metodología.

Cultura empresarial: la cultura empresarial puede influir en la elección de la metodología adecuada. Por ejemplo, si la cultura empresarial valora la mejora continua, la metodología Six Sigma puede ser más adecuada. Si la cultura empresarial valora la eficiencia, la metodología Lean puede ser más adecuada.

Conclusión

En conclusión, la selección de la metodología adecuada es esencial para el éxito del proyecto. La metodología industrial adecuada puede mejorar la eficiencia del proceso, reducir los costos y mejorar la calidad del producto final. Al seleccionar una metodología industrial, es importante considerar el tipo de proyecto, los objetivos del negocio, los recursos disponibles y la cultura empresarial. Las metodologías descritas en este capítulo, el diseño para la manufacturabilidad (DFM), la ingeniería concurrente, el diseño para la calidad (DFQ), la metodología Lean y Six Sigma, son solo algunas de las muchas opciones disponibles para seleccionar una metodología adecuada. Es importante realizar una evaluación cuidadosa de cada metodología y seleccionar la que mejor se adapte a las necesidades y objetivos del proyecto.

Además, es importante tener en cuenta que la metodología industrial seleccionada no es una solución única para todos los problemas. Cada proyecto es único y puede requerir una combinación de diferentes metodologías para lograr los mejores resultados.

Por último, es importante destacar que la implementación exitosa de una metodología industrial no solo depende de la elección de la metodología adecuada, sino también de la planificación, la ejecución y el seguimiento adecuados del proyecto. La capacitación adecuada del personal, la asignación de recursos adecuados y la evaluación constante del proceso son fundamentales para el éxito del proyecto.

En resumen, la selección de la metodología adecuada es esencial para mejorar la eficiencia del proceso, reducir los costos y mejorar la calidad del producto final en proyectos industriales. La elección de la metodología adecuada depende del tipo de proyecto, los objetivos del negocio, los recursos disponibles y la cultura empresarial. Al seleccionar una metodología, es importante realizar una evaluación cuidadosa y tener en cuenta que cada proyecto es único y puede requerir una combinación de diferentes metodologías para lograr los mejores resultados. Además, la planificación, la ejecución y el seguimiento adecuados del proyecto son fundamentales para el éxito de la implementación de la metodología seleccionada.

IMPLEMENTACIÓN DE METODOLOGÍAS INDUSTRIALES EN LA EMPRESA

La implementación de metodologías industriales en la empresa es un proceso clave para mejorar la eficiencia y la productividad en la producción. Las metodologías industriales son técnicas y herramientas que se utilizan para mejorar los procesos y reducir los costos. Algunas de las metodologías industriales más populares incluyen Lean Manufacturing, Six Sigma, Teoría de las Restricciones y Total Productive Maintenance (TPM).

Para implementar una metodología industrial en la empresa, se deben seguir varios pasos importantes. En primer lugar, es esencial identificar las necesidades y objetivos de la empresa. Se deben establecer objetivos claros y específicos, como reducir los costos, mejorar la calidad de los productos, aumentar la eficiencia en la producción, entre otros. Además, es importante que todos los empleados entiendan los objetivos de la metodología y cómo se aplicará en su trabajo diario.

El siguiente paso en la implementación de metodologías industriales es identificar y analizar los procesos empresariales existentes. Esto incluye la identificación de los cuellos de botella, los puntos de ineficiencia y los desperdicios en la producción. Se deben realizar análisis detallados de cada proceso para identificar las áreas de mejora.

Una vez que se han identificado los problemas en los procesos, se deben diseñar e implementar mejoras. Esto puede incluir la reorganización de los procesos, la eliminación de desperdicios, la automatización de los procesos y la mejora de la calidad. Es importante involucrar a los empleados en la implementación de las mejoras para asegurar su éxito.

Después de implementar las mejoras, es importante monitorear y controlar los procesos para asegurar que se estén logrando los objetivos. Se deben establecer indicadores de rendimiento clave y se deben realizar análisis periódicos para evaluar el éxito de las mejoras. Si se identifican problemas, se deben realizar ajustes y mejoras adicionales.

La implementación de metodologías industriales puede ser un proceso desafiante, pero puede ser una herramienta poderosa para mejorar la eficiencia y la productividad. Es importante evaluar cuidadosamente las metodologías y seleccionar la que mejor se adapte a las necesidades y objetivos de la empresa. La capacitación y educación de los empleados es clave para asegurar el éxito de la implementación.

A continuación, se presentan algunos ejemplos de empresas que han implementado metodologías industriales con éxito:

Toyota: Toyota es una de las empresas más exitosas en la implementación de Lean Manufacturing. La empresa ha utilizado esta metodología para mejorar la eficiencia en la producción y reducir los costos. La implementación de Lean Manufacturing ha permitido a Toyota producir más vehículos con menos recursos y mejorar la calidad de sus productos. La empresa también ha implementado Total Productive Maintenance (TPM) para mejorar la eficiencia y la calidad en la producción.

General Electric: General Electric ha implementado la metodología Six Sigma en toda su empresa. Esta metodología ha permitido a la empresa mejorar la calidad de sus productos y servicios, reducir los costos y aumentar la eficiencia en la producción. La implementación de Six Sigma ha sido clave en la transformación de GE en una empresa más enfocada en la calidad y la eficiencia. La empresa también ha implementado la metodología Design for Six Sigma (DFSS) para mejorar la calidad en el diseño de productos y servicios.

Nestlé: Nestlé ha implementado la metodología Total Productive Maintenance (TPM) en sus operaciones de producción en todo el mundo. Esta metodología ha permitido a la empresa reducir los costos y mejorar la eficiencia en la producción. Nestlé también ha utilizado la metodología Lean Manufacturing para eliminar desperdicios en la producción y mejorar la calidad de sus productos.

Boeing: Boeing ha implementado la metodología Teoría de las Restricciones en su producción de aviones. Esta metodología ha permitido a la empresa identificar y eliminar los cuellos de botella en la producción, lo que ha mejorado la eficiencia y reducido los costos. Boeing también ha utilizado la metodología Lean Manufacturing para mejorar la eficiencia en la producción y reducir los tiempos de espera.

Amazon: Amazon ha implementado la metodología Lean Manufacturing en sus operaciones de logística y almacenamiento. La empresa ha utilizado esta metodología para reducir los tiempos de espera y mejorar la eficiencia en la entrega de productos. Amazon también ha utilizado la metodología Six Sigma para mejorar la calidad de sus servicios y reducir los errores en la entrega de productos.

En resumen, la implementación de metodologías industriales en la empresa es esencial para mejorar la eficiencia, reducir los costos y mejorar la calidad de los productos y servicios. La selección de la metodología adecuada debe basarse en las necesidades y objetivos de la empresa, y debe involucrar a todos los empleados para asegurar su éxito. Las empresas que han implementado metodologías industriales con éxito han logrado mejoras significativas en la eficiencia, la calidad y la rentabilidad.

EVALUACIÓN Y SEGUIMIENTO DE LA EFICACIA DE LAS METODOLOGÍAS INDUSTRIALES

Las reuniones de revisión de la metodología son una herramienta efectiva para llevar a cabo el seguimiento de la eficacia de la metodología industrial. En estas reuniones, se revisan los KPIs (Key Performance Indicators por sus siglas in inglés, Indicadores Clave de Desempeño o simplemente Indicadores Clave) y se discuten los resultados obtenidos. Además, se identifican oportunidades de mejora y se establecen planes de acción para implementar cambios.

Es importante que estas reuniones se lleven a cabo de forma constante y que se involucren a todos los miembros del equipo para asegurar que se estén cumpliendo los objetivos y para fomentar la colaboración en la implementación de cambios.

Durante estas reuniones, es necesario revisar y analizar los KPIs que se han establecido para evaluar el desempeño de la metodología industrial. Estos KPIs pueden incluir aspectos como el tiempo de producción, la calidad del producto, el rendimiento de la maquinaria y el cumplimiento de las normas de seguridad. Es importante que estos KPIs se establezcan de forma clara y que se definan objetivos específicos para cada uno de ellos.

Además, en estas reuniones se pueden identificar oportunidades de mejora en los procesos y en la implementación de la metodología industrial. Es importante que se fomenten las ideas y sugerencias de todos los miembros del equipo para identificar estas oportunidades y para establecer planes de acción para implementar cambios.

En resumen, las reuniones de revisión de la metodología son una herramienta esencial para llevar a cabo el seguimiento de la eficacia de las metodologías industriales. Es importante que se lleven a cabo de forma constante, que se revisen los KPIs y que se identifiquen oportunidades de mejora para implementar cambios y lograr una mejora continua en los procesos de la empresa.

Auditorías internas

Las auditorías internas son una herramienta valiosa para evaluar el cumplimiento de los estándares de calidad y para identificar oportunidades de mejora en la metodología industrial. Estas auditorías se llevan a cabo de forma regular y se enfocan en evaluar la eficiencia de los procesos, la calidad del producto y el cumplimiento de las normas establecidas.

Es importante que las auditorías se realicen de forma imparcial y que se involucren a todos los miembros del equipo para asegurar que se estén cumpliendo los objetivos de la metodología industrial. Durante las auditorías, se deben revisar todos los aspectos de la metodología industrial, desde la calidad del producto hasta la eficiencia de los procesos.

Es importante que se establezcan objetivos claros para las auditorías y que se establezcan planes de acción para implementar cambios. Además, es fundamental que se realice un seguimiento constante para asegurar que se estén implementando los cambios y que se estén cumpliendo los objetivos establecidos.

En resumen, las auditorías internas son una herramienta esencial para evaluar el cumplimiento de los estándares de calidad y para identificar oportunidades de mejora en la metodología industrial. Es importante que se realicen de forma regular, que se involucren a todos los miembros del equipo y que se establezcan planes de acción para implementar cambios y lograr una mejora continua en los procesos de la empresa.

Encuestas de satisfacción del cliente

Las encuestas de satisfacción del cliente son una herramienta valiosa para evaluar la eficacia de la metodología industrial desde la perspectiva del cliente. Estas encuestas se enfocan en medir el nivel de satisfacción del cliente con los productos y servicios de la empresa, así como la eficiencia de los procesos y el cumplimiento de las expectativas.

Es importante que estas encuestas se lleven a cabo de forma regular y que se involucren a todos los clientes para asegurar que se estén cumpliendo sus expectativas y para identificar oportunidades de mejora en la metodología industrial. Además, es importante que se establezcan objetivos claros para las encuestas y que se establezcan planes de acción para implementar cambios basados en los resultados obtenidos.

Las encuestas de satisfacción del cliente deben incluir preguntas que evalúen aspectos como la calidad del producto, la eficiencia del servicio, la atención al cliente y el cumplimiento de las expectativas. Es importante que se establezcan preguntas específicas para evaluar cada uno de estos aspectos y que se brinde la oportunidad de incluir comentarios adicionales para obtener información detallada y específica.

En resumen, las encuestas de satisfacción del cliente son una herramienta esencial para evaluar la eficacia de la metodología industrial desde la perspectiva del cliente. Es importante que se lleven a cabo de forma regular, que se involucren a todos los clientes y que se establezcan planes de acción para implementar cambios basados en los resultados obtenidos.

Análisis de datos

El análisis de datos es una herramienta esencial para llevar a cabo el seguimiento de la eficacia de la metodología industrial. Este análisis se enfoca en recolectar y analizar datos relacionados con el desempeño de los procesos y la calidad del producto para identificar patrones y tendencias.

Es importante que se recolecten datos de forma constante y que se establezcan objetivos claros para el análisis de datos. Además, es importante que se involucren a todos los miembros del equipo para asegurar que se estén cumpliendo los objetivos y para fomentar la colaboración en la implementación de cambios.

Durante el análisis de datos, es necesario identificar patrones y tendencias para evaluar el desempeño de los procesos y la calidad del producto. Estos patrones y tendencias pueden incluir aspectos como el tiempo de producción, la eficiencia de la maquinaria y la calidad del producto. Es importante que se establezcan objetivos específicos para cada uno de estos aspectos y que se implementen cambios basados en los resultados obtenidos.

En resumen, el análisis de datos es una herramienta esencial para llevar a cabo el seguimiento de la eficacia de las metodologías industriales. Es importante que se recolecten datos de forma constante, que se establezcan objetivos claros y que se implementen cambios basados en los resultados obtenidos.

Implementación de cambios

La implementación de cambios es esencial para lograr una mejora continua en los procesos de la empresa y para asegurar la eficacia de las metodologías industriales. Es importante que se establezcan planes de acción para implementar cambios basados en los resultados obtenidos de las reuniones de revisión de la metodología industrial, las encuestas de satisfacción del cliente y el análisis de datos.

Los planes de acción deben ser específicos y detallados, y deben incluir objetivos claros, plazos de tiempo y responsabilidades claras para cada miembro del equipo involucrado. Además, es importante que se establezcan métricas para evaluar el éxito de los cambios implementados y que se lleve a cabo un seguimiento constante para asegurar que se estén cumpliendo los objetivos establecidos.

Es importante también que se fomente la colaboración entre los miembros del equipo en la implementación de cambios y que se brinden oportunidades para la capacitación y el desarrollo profesional para asegurar que todos estén alineados y comprometidos con la mejora continua de los procesos.

En resumen, la implementación de cambios es esencial para lograr una mejora continua en los procesos de la empresa y para asegurar la eficacia de las metodologías industriales. Es importante que se establezcan planes de acción específicos y detallados, que se establezcan métricas para evaluar el éxito de los cambios implementados y que se fomente la colaboración y el desarrollo profesional de los miembros del equipo.

Conclusión

La evaluación y seguimiento de la eficacia de las metodologías industriales es esencial para lograr una mejora continua en los procesos de la empresa y para asegurar la satisfacción del cliente y la eficiencia de los procesos. Las reuniones de revisión de la metodología industrial, las encuestas de satisfacción del cliente, el análisis de datos y la implementación de cambios son herramientas esenciales para llevar a cabo este proceso de evaluación y seguimiento.

Es importante que se establezcan objetivos claros y planes de acción específicos para cada una de estas herramientas, y que se fomente la colaboración y el desarrollo profesional de los miembros del equipo para asegurar el éxito en la implementación de cambios y la mejora continua de los procesos.

En conclusión, la evaluación y seguimiento de la eficacia de las metodologías industriales son procesos continuos que requieren de un compromiso constante y una mentalidad de mejora continua por parte de todos los miembros del equipo.

COMUNICACIÓN Y COLABORACIÓN EN LA IMPLEMENTACIÓN DE LAS METODOLOGÍAS INDUSTRIALES

La implementación de metodologías industriales es un proceso que busca mejorar la eficiencia y la productividad en una empresa. Estas metodologías involucran la aplicación de herramientas y técnicas específicas para mejorar los procesos y sistemas de la empresa. Sin embargo, para que la implementación de estas metodologías sea exitosa, es fundamental que exista una buena comunicación y colaboración entre los diferentes departamentos y equipos de la empresa. En este capítulo, se explorará la importancia de la comunicación y colaboración en la implementación de metodologías industriales.

Comunicación en la implementación de metodologías industriales:

La comunicación es un factor clave en la implementación de metodologías industriales, ya que permite a los diferentes departamentos y equipos de la empresa trabajar juntos para lograr los objetivos comunes. La comunicación efectiva permite a los equipos trabajar juntos de manera más eficiente, identificar y resolver problemas de manera más rápida y tomar decisiones informadas.

En el contexto de la implementación de metodologías industriales, la comunicación debe ser bidireccional. Esto significa que no solo es importante que los gerentes y líderes se comuniquen con los empleados, sino que también es importante que los empleados puedan comunicarse con los gerentes y líderes. La comunicación bidireccional permite a los empleados expresar sus ideas, preocupaciones y preguntas, lo que puede ayudar a mejorar la implementación de las metodologías industriales.

Además, es importante que la comunicación en la implementación de metodologías industriales sea clara y concisa. La comunicación clara ayuda a evitar malentendidos y reduce la posibilidad de errores. También es importante que la comunicación se realice en un lenguaje que sea comprensible para todos los miembros del equipo, ya que esto ayuda a garantizar que todos tengan una comprensión común de los objetivos y los procesos involucrados.

Colaboración en la implementación de metodologías industriales:

La colaboración es otro factor clave en la implementación de metodologías industriales. La colaboración se refiere a la capacidad de los diferentes departamentos y equipos de la empresa para trabajar juntos para lograr objetivos comunes. En el contexto de la implementación de metodologías industriales, la colaboración puede ayudar a garantizar que todos los miembros del equipo estén alineados con los objetivos y trabajen juntos para lograrlos.

La colaboración efectiva en la implementación de metodologías industriales implica la participación activa de todos los miembros del equipo. Esto significa que todos los miembros del equipo deben ser conscientes de sus roles y responsabilidades y deben trabajar juntos para lograr los objetivos comunes. Además, es importante que se establezcan canales de comunicación claros y eficaces para facilitar la colaboración entre los miembros del equipo.

Otro aspecto importante de la colaboración en la implementación de metodologías industriales es la capacidad de los miembros del equipo para compartir información y conocimientos. Esto puede ayudar a mejorar la calidad de los procesos y sistemas de la empresa y garantizar que todos los miembros del equipo tengan una comprensión común de los procesos y objetivos involucrados.

Beneficios de una buena comunicación y colaboración en la implementación de metodologías industriales:

La buena comunicación y colaboración en la implementación de metodologías industriales pueden generar una serie de beneficios para la empresa, incluyendo:

Mejora de la eficiencia: Cuando los diferentes departamentos y equipos de la empresa trabajan juntos y comparten información, se puede mejorar la eficiencia en la empresa. Los miembros del equipo pueden identificar y resolver problemas de manera más rápida y eficiente, lo que puede reducir el tiempo que se tarda en completar una tarea o proyecto. Además, la colaboración puede ayudar a identificar áreas de mejora en los procesos, lo que puede llevar a una mayor eficiencia en el futuro.

Reducción de errores: La buena comunicación y colaboración también pueden ayudar a reducir errores. Al tener una comprensión común de los procesos y objetivos, los miembros del equipo pueden evitar malentendidos y tomar decisiones informadas. Esto puede llevar a una reducción en los errores, lo que puede ahorrar tiempo y recursos en la corrección de errores y la retrabajo.

Mejora de la productividad: La implementación de metodologías industriales tiene como objetivo mejorar la productividad en la empresa. La buena comunicación y colaboración pueden ayudar a garantizar que todos los miembros del equipo estén trabajando juntos hacia los mismos objetivos, lo que puede mejorar la productividad en general. Además, cuando los miembros del equipo están trabajando juntos de manera más eficiente, pueden completar más tareas en menos tiempo, lo que puede mejorar aún más la productividad.

Mejora del ambiente laboral: La comunicación y colaboración efectiva pueden mejorar el ambiente laboral en la empresa. Al trabajar juntos hacia objetivos comunes, los miembros del equipo pueden desarrollar relaciones más fuertes y colaborativas, lo que puede mejorar la moral y la satisfacción laboral. Cuando los empleados se sienten valorados y tienen una relación positiva con sus compañeros de trabajo, es más probable que sean más productivos y estén dispuestos a contribuir a la empresa a largo plazo.

Mejora de la calidad: La buena comunicación y colaboración pueden ayudar a mejorar la calidad de los procesos y sistemas de la empresa. Al compartir información y conocimientos, los miembros del equipo pueden identificar áreas de mejora y trabajar juntos para mejorar la calidad en general. Además, cuando los empleados están trabajando juntos de manera más eficiente y efectiva, pueden asegurarse de que los procesos y sistemas se estén siguiendo correctamente, lo que puede mejorar la calidad de los productos y servicios de la empresa.

Mayor innovación: La comunicación y colaboración también pueden fomentar la innovación en la empresa. Al trabajar juntos y compartir ideas, los miembros del equipo pueden generar nuevas ideas y soluciones a problemas existentes. La colaboración efectiva puede ayudar a identificar oportunidades para mejorar y evolucionar los procesos y sistemas existentes, lo que puede conducir a innovaciones significativas en la empresa.

Mejora de la satisfacción del cliente: La buena comunicación y colaboración pueden ayudar a mejorar la satisfacción del cliente. Al trabajar juntos para mejorar la calidad de los productos y servicios de la empresa, los miembros del equipo pueden asegurarse de que los clientes reciban los mejores productos y servicios posibles. Además, cuando los empleados están trabajando juntos de manera más eficiente y efectiva, pueden asegurarse de que los pedidos se completen en tiempo y forma, lo que puede mejorar aún más la satisfacción del cliente.

Mayor adaptabilidad: La buena comunicación y colaboración también pueden ayudar a las empresas a ser más adaptables a los cambios en el mercado y en la industria. Al trabajar juntos y compartir información, los miembros del equipo pueden identificar y responder más rápidamente a los cambios en la demanda del mercado, las nuevas tendencias y los avances en la tecnología. La capacidad de adaptarse rápidamente a estos cambios puede ser una ventaja competitiva para la empresa.

Mejora del liderazgo: La buena comunicación y colaboración pueden mejorar la capacidad de liderazgo en la empresa. Los líderes que fomentan la colaboración y la comunicación efectiva pueden crear un ambiente laboral positivo y colaborativo. Además, cuando los líderes están involucrados en la comunicación y colaboración, pueden identificar oportunidades para mejorar y liderar el cambio en la empresa.

Ahorro de tiempo y recursos: La buena comunicación y colaboración pueden ayudar a ahorrar tiempo y recursos en la empresa. Al trabajar juntos de manera más eficiente, los miembros del equipo pueden completar tareas en menos tiempo, lo que puede reducir el costo laboral. Además, al identificar y resolver problemas de manera más rápida y efectiva, se puede reducir el costo de retrabajo y corrección de errores.

En conclusión, la comunicación y colaboración son fundamentales en la implementación de metodologías industriales. La comunicación efectiva permite a los diferentes departamentos y equipos de la empresa trabajar juntos de manera más eficiente, identificar y resolver problemas de manera más rápida y tomar decisiones informadas. La colaboración efectiva implica la participación activa de todos los miembros del equipo y la capacidad de compartir información y conocimientos. La buena comunicación y colaboración pueden generar una serie de beneficios para la empresa, incluyendo la mejora de la eficiencia, la reducción de errores, la mejora de la productividad, la mejora del ambiente laboral y la mejora de la calidad. Por lo tanto, es importante que las empresas presten atención a la comunicación y colaboración al implementar metodologías industriales y trabajen para mejorar estos aspectos en su cultura organizacional.

IDENTIFICACIÓN Y RESOLUCIÓN DE PROBLEMAS CON LAS METODOLOGÍAS INDUSTRIALES

En la industria, los problemas son una parte inevitable del proceso de producción. A menudo, estos problemas pueden afectar la calidad, la eficiencia y la rentabilidad de una empresa. Por lo tanto, es esencial contar con un método eficaz para identificar y resolver los problemas en un entorno industrial.

En este capítulo, se discutirán las metodologías industriales que se utilizan para identificar y resolver problemas en la industria. Estas metodologías incluyen Six Sigma, Lean Manufacturing y Total Quality Management (TQM). Además, se discutirán las etapas comunes que se utilizan en estas metodologías, así como algunas herramientas y técnicas que se utilizan para identificar y resolver problemas.

Six Sigma

Six Sigma es una metodología que se utiliza para mejorar la calidad de los productos y servicios de una empresa. Esta metodología se centra en reducir la variación en los procesos de producción y mejorar la satisfacción del cliente. Six Sigma utiliza un enfoque basado en datos para identificar y resolver problemas.

La metodología Six Sigma se basa en un proceso de cinco etapas, conocido como DMAIC (Definir, Medir, Analizar, Mejorar y Controlar). Cada etapa tiene objetivos específicos y utiliza herramientas y técnicas diferentes para lograr estos objetivos.

La primera etapa de DMAIC es Definir. En esta etapa, se define el problema y se establecen los objetivos del proyecto. También se identifican los clientes y las necesidades del mercado.

La segunda etapa de DMAIC es Medir. En esta etapa, se recopilan datos sobre el proceso de producción para determinar la capacidad y la estabilidad del proceso.

La tercera etapa de DMAIC es Analizar. En esta etapa, se analizan los datos recopilados en la etapa anterior para identificar las causas raíz del problema. Se utilizan herramientas estadísticas como el Análisis de Pareto y el Diagrama de Ishikawa para identificar las causas raíz.

La cuarta etapa de DMAIC es Mejorar. En esta etapa, se implementan soluciones para resolver el problema. Se utilizan herramientas como el Diseño de Experimentos y la Ingeniería de Valor para mejorar el proceso de producción.

La última etapa de DMAIC es Controlar. En esta etapa, se implementan medidas de control para garantizar que el proceso de producción siga siendo estable y capaz. Se utilizan herramientas como el Plan de Control y el Gráfico de Control para mantener el proceso bajo control.

Lean Manufacturing

Lean Manufacturing es otra metodología que se utiliza para mejorar la calidad y la eficiencia en la producción. Esta metodología se centra en eliminar el desperdicio y mejorar la eficiencia del proceso de producción. Lean Manufacturing utiliza un enfoque basado en la mejora continua para identificar y resolver problemas.

La metodología Lean Manufacturing se basa en un proceso de cuatro etapas, conocido como el Ciclo de Mejora Continua (PDCA por sus siglas en inglés) que consta de Planificar, Hacer, Verificar y Actuar. Cada etapa tiene objetivos específicos y utiliza herramientas y técnicas diferentes para lograr estos objetivos.

La primera etapa del ciclo PDCA es Planificar. En esta etapa, se define el problema y se establecen los objetivos del proyecto. También se identifican las medidas de rendimiento que se utilizarán para medir el éxito del proyecto.

La segunda etapa del ciclo PDCA es Hacer. En esta etapa, se implementan soluciones para resolver el problema. Se utiliza un enfoque centrado en la acción para implementar las soluciones.

La tercera etapa del ciclo PDCA es Verificar. En esta etapa, se recopilan datos para evaluar el éxito de las soluciones implementadas. Se utilizan herramientas como el Análisis de Flujo de Valor y el Diagrama de Espina de Pescado para evaluar el rendimiento del proceso.

La última etapa del ciclo PDCA es Actuar. En esta etapa, se toman medidas para mejorar el proceso continuamente. Se utilizan herramientas como el Kaizen y el A3 para mejorar el proceso de producción y eliminar el desperdicio.

Total Quality Management (TQM)

Total Quality Management es una metodología que se utiliza para mejorar la calidad y la eficiencia en la producción. Esta metodología se centra en mejorar la calidad en todos los aspectos de la empresa, incluyendo la cultura, los procesos y los productos. TQM utiliza un enfoque basado en la mejora continua para identificar y resolver problemas.

La metodología TQM se basa en un proceso de ocho etapas, conocido como el Ciclo de Deming (PDCA) mejorado. Las ocho etapas incluyen Planificar, Hacer, Verificar, Actuar, Analizar, Diseñar, Implementar y Mantener. Cada etapa tiene objetivos específicos y utiliza herramientas y técnicas diferentes para lograr estos objetivos.

La primera etapa del Ciclo de Deming mejorado es Planificar. En esta etapa, se define el problema y se establecen los objetivos del proyecto. También se identifican las medidas de rendimiento que se utilizarán para medir el éxito del proyecto.

La segunda etapa es Hacer. En esta etapa, se implementan soluciones para resolver el problema.

La tercera etapa es Verificar. En esta etapa, se recopilan datos para evaluar el éxito de las soluciones implementadas.

La cuarta etapa es Actuar. En esta etapa, se toman medidas para mejorar el proceso continuamente.

La quinta etapa es Analizar. En esta etapa, se analizan los datos recopilados en la etapa anterior para identificar las causas raíz del problema.

La sexta etapa es Diseñar. En esta etapa, se diseñan soluciones para resolver el problema.

La séptima etapa es Implementar. En esta etapa, se implementan las soluciones diseñadas.

La última etapa es Mantener. En esta etapa, se implementan medidas de control para garantizar que el proceso de producción siga siendo estable y capaz.

Herramientas y técnicas para identificar y resolver problemas

Hay varias herramientas y técnicas que se utilizan comúnmente en las metodologías industriales para identificar y resolver problemas. Algunas de estas herramientas y técnicas incluyen:

Diagrama de Ishikawa: también conocido como Diagrama de Espina de Pescado, se utiliza para identificar las causas raíz del problema.

Análisis de Pareto: se utiliza para identificar los problemas más importantes que afectan la calidad y la eficiencia del proceso de producción.

Gráfico de Control: se utiliza para monitorear el proceso de producción y detectar desviaciones del proceso.

Plan de Control: se utiliza para establecer las medidas de control necesarias para garantizar la calidad y la eficiencia del proceso de producción.

Análisis de Flujo de Valor: se utiliza para analizar el flujo del proceso de producción y identificar áreas de desperdicio.

Kaizen: se refiere a la mejora continua y se utiliza para identificar oportunidades de mejora en el proceso de producción.

A3: es una herramienta de resolución de problemas que se utiliza para documentar el proceso de mejora y comunicar los resultados a otras partes interesadas.

Análisis FMEA (Análisis de Modo y Efecto de Falla): se utiliza para identificar las posibles fallas en el proceso de producción y diseñar medidas de control para evitarlas.

5S: se refiere a la organización, limpieza y estandarización del lugar de trabajo para mejorar la eficiencia y la seguridad del proceso de producción.

Kanban: se utiliza para gestionar el inventario y garantizar que los materiales necesarios estén disponibles cuando se necesiten.

Estas son solo algunas de las herramientas y técnicas que se utilizan en las metodologías industriales para identificar y resolver problemas. Cada herramienta y técnica tiene sus propios beneficios y se utiliza en diferentes situaciones.

Conclusión

Las metodologías industriales son una serie de técnicas y herramientas que se utilizan en la industria para mejorar la calidad y la eficiencia del proceso de producción. Estas metodologías se basan en la idea de la mejora continua y la eliminación de desperdicios y se aplican en una amplia variedad de sectores industriales.

El ciclo PDCA es una de las metodologías más utilizadas en la industria y se enfoca en la mejora continua del proceso de producción. Esta metodología se divide en cuatro etapas: planificar, hacer, verificar y actuar. En cada etapa se realizan actividades específicas para identificar y resolver problemas y se establecen medidas de control para garantizar la calidad del proceso de producción.

Otra metodología popular es Total Quality Management, que se enfoca en la mejora continua en todos los aspectos de la empresa. Esta metodología se basa en la idea de que la calidad no es solo responsabilidad del departamento de control de calidad, sino que es responsabilidad de todos los empleados de la empresa. Para implementar Total Quality Management, se realizan actividades específicas, como la formación y la capacitación de los empleados, la identificación y eliminación de desperdicios y la implementación de medidas de control para garantizar la calidad del proceso de producción.

Además de estas metodologías, existen varias herramientas y técnicas específicas que se utilizan en la industria para identificar y resolver problemas. El Diagrama de Ishikawa es una herramienta utilizada para identificar las causas raíz de un problema, mientras que el Análisis de Pareto se utiliza para identificar los problemas más importantes que deben abordarse primero. El Gráfico de Control se utiliza para monitorear la calidad del proceso de producción y detectar cualquier variación no deseada.

En resumen, las metodologías industriales son esenciales para garantizar la calidad y la eficiencia del proceso de producción. Las herramientas y técnicas específicas que se utilizan en estas metodologías, como el ciclo PDCA, Total Quality Management, el Diagrama de Ishikawa y el Análisis de Pareto, permiten identificar y resolver problemas de manera efectiva, así como monitorear y mejorar continuamente el proceso de producción. Los gerentes y los ingenieros deben estar familiarizados con estas metodologías y herramientas para poder aplicarlas de manera efectiva y lograr la excelencia en su proceso productivo. La implementación de metodologías industriales puede ayudar a las empresas a mantenerse competitivas y satisfacer las necesidades y expectativas de los clientes en un mercado cada vez más exigente.

DESARROLLO DE PLANES DE ACCIÓN Y MEJORA CON LAS METODOLOGÍAS INDUSTRIALES

En cualquier empresa o industria, el desarrollo de planes de acción y mejora es fundamental para lograr un crecimiento sostenible y aumentar la eficiencia de los procesos. Los planes de acción y mejora son un conjunto de estrategias y acciones que se implementan para mejorar los procesos, optimizar los recursos y aumentar la productividad de la empresa.

En este capítulo se explicará cómo se pueden aplicar las metodologías industriales para desarrollar planes de acción y mejora efectivos. También se discutirán las diferentes etapas del proceso de mejora y cómo se pueden implementar en una empresa.

Metodologías industriales para desarrollar planes de acción y mejora

Las metodologías industriales son un conjunto de técnicas y herramientas que se utilizan para optimizar los procesos y aumentar la eficiencia de la empresa. Estas metodologías se han desarrollado a lo largo del tiempo y se han aplicado con éxito en diferentes sectores industriales.

Entre las metodologías industriales más populares se encuentran el Lean Manufacturing, Six Sigma, Total Quality Management (TQM), Kaizen y la Teoría de las Restricciones (TOC).

Lean Manufacturing

El Lean Manufacturing es una metodología industrial que se enfoca en la eliminación de desperdicios y en la creación de valor para el cliente. Esta metodología se basa en el principio de que todas las actividades que no agregan valor al cliente deben ser eliminadas.

El Lean Manufacturing se divide en cinco etapas: identificación de valor, mapeo de flujo de valor, creación de flujo, implementación de un sistema de producción pull y mejora continua.

La identificación de valor implica la identificación de los productos o servicios que son valorados por los clientes y la eliminación de aquellos que no lo son. El mapeo de flujo de valor es el proceso de visualizar el flujo de materiales y la información a través del proceso de producción. La creación de flujo implica la eliminación de cuellos de botella y la creación de un flujo de producción continuo. La implementación de un sistema de producción pull implica la producción de los productos o servicios solo cuando se necesitan. La mejora continua implica la implementación de medidas para eliminar desperdicios y mejorar la eficiencia del proceso de producción.

Six Sigma

Six Sigma es una metodología industrial que se enfoca en la reducción de la variabilidad en los procesos y en la mejora de la calidad del producto o servicio. Esta metodología se basa en el principio de que la variabilidad en los procesos es la principal causa de defectos.

Six Sigma se divide en cinco etapas: definir, medir, analizar, mejorar y controlar (DMAIC). La etapa de definir implica la definición del problema y la identificación del alcance del proyecto. La etapa de medir implica la recopilación de datos y la medición del proceso. La etapa de analizar implica la identificación de las causas raíz del problema. La etapa de mejorar implica la implementación de soluciones para resolver el problema. La etapa de controlar implica la implementación de medidas para mantener la mejora.

Total Quality Management (TQM)

Total Quality Management (TQM) es una metodología industrial que se enfoca en la mejora continua de la calidad del producto o servicio. Esta metodología se basa en el principio de que la calidad es responsabilidad de todos en la empresa.

TQM se divide en ocho etapas: liderazgo, educación y capacitación, involucramiento de los empleados, enfoque en el cliente, mejora continua, medición y análisis de resultados, gestión de proveedores y trabajo en equipo.

La etapa de liderazgo implica el compromiso de la alta dirección en la implementación de la mejora continua. La educación y capacitación implica la formación de los empleados en técnicas de mejora de la calidad. El involucramiento de los empleados implica la participación activa de los empleados en la mejora continua. El enfoque en el cliente implica la satisfacción de las necesidades y expectativas del cliente. La mejora continua implica la implementación de medidas para mejorar continuamente la calidad del producto o servicio. La medición y análisis de resultados implica el seguimiento y análisis de los resultados para tomar medidas de mejora. La gestión de proveedores implica la selección y evaluación de los proveedores para asegurar la calidad del producto o servicio. El trabajo en equipo implica la colaboración y cooperación entre los diferentes departamentos de la empresa.

Kaizen

Kaizen es una metodología industrial que se enfoca en la mejora continua de los procesos. Esta metodología se basa en el principio de que todos los empleados de la empresa pueden contribuir a la mejora continua.

Kaizen se divide en tres etapas: identificación del problema, análisis del problema y solución del problema. La identificación del problema implica la identificación de las áreas que necesitan mejorar. El análisis del problema implica la identificación de las causas raíz del problema. La solución del problema implica la implementación de medidas para resolver el problema y prevenir su recurrencia.

Teoría de las Restricciones (TOC)

La Teoría de las Restricciones (TOC) es una metodología industrial que se enfoca en la identificación y eliminación de las limitaciones en los procesos. Esta metodología se basa en el principio de que los procesos están limitados por las restricciones.

TOC se divide en tres etapas: identificación de la restricción, explotación de la restricción y elevación de la restricción. La identificación de la restricción implica la identificación de la limitación en el proceso. La explotación de la restricción implica la maximización del uso de la restricción. La elevación de la restricción implica la eliminación de la restricción.

Etapa del proceso de mejora

El proceso de mejora se divide en cuatro etapas: planificación, implementación, seguimiento y evaluación.

Planificación

La etapa de planificación implica la identificación del problema, la definición de los objetivos de mejora, la identificación de las causas raíz del problema y la selección de la metodología de mejora.

La identificación del problema implica la identificación de las áreas que necesitan mejorar. La definición de los objetivos de mejora implica la definición de los resultados deseados. La identificación de las causas raíz del problema implica la identificación de las causas subyacentes del problema. La selección de la metodología de mejora implica la selección de la metodología más adecuada para resolver el problema.

Implementación

La etapa de implementación implica la implementación de las soluciones identificadas en la etapa de planificación.

Esta etapa implica la realización de las acciones necesarias para mejorar el proceso y alcanzar los objetivos definidos. También implica la comunicación y el compromiso de los empleados en la implementación de las soluciones.

Seguimiento

La etapa de seguimiento implica el seguimiento y la medición de los resultados de la implementación de las soluciones. Esta etapa implica la comparación de los resultados con los objetivos definidos en la etapa de planificación y la identificación de posibles desviaciones.

Evaluación

La etapa de evaluación implica la evaluación de los resultados y la identificación de oportunidades de mejora adicionales. Esta etapa implica la identificación de los factores que contribuyeron al éxito o fracaso de la implementación y la identificación de las lecciones aprendidas.

Herramientas de mejora continua

Existen varias herramientas y técnicas que pueden utilizarse para la mejora continua de los procesos. Algunas de las herramientas más comunes incluyen:

Diagramas de flujo: herramienta utilizada para visualizar los procesos y la secuencia de actividades.

Diagramas de Pareto: herramienta utilizada para identificar los problemas más importantes y las causas principales.

Diagramas de Ishikawa o de espina de pescado: herramienta utilizada para identificar las causas raíz de un problema.

Análisis de valor agregado (AVA): herramienta utilizada para identificar las actividades que agregan valor al proceso.

Mapas de procesos: herramienta utilizada para visualizar los procesos y las interacciones entre los diferentes departamentos.

Análisis de costos y beneficios: herramienta utilizada para evaluar los costos y beneficios de las soluciones propuestas.

Conclusiones

En conclusión, la implementación de planes de acción y mejora utilizando metodologías industriales puede ayudar a las empresas a mejorar continuamente sus procesos y productos o servicios. Estas metodologías se enfocan en la identificación de problemas, la identificación de las causas raíz de los problemas y la implementación de soluciones para mejorar los procesos. También se enfocan en la colaboración y el compromiso de los empleados en la mejora continua.

Es importante que las empresas seleccionen la metodología de mejora adecuada para sus necesidades y se comprometan con la implementación de las soluciones identificadas. Además, es fundamental que las empresas realicen un seguimiento y evaluación de los resultados para identificar oportunidades de mejora adicionales y asegurar que los procesos sigan mejorando continuamente. La mejora continua es un proceso constante y nunca termina, pero puede ayudar a las empresas a mantenerse competitivas en un mercado cambiante y satisfacer las necesidades y expectativas de sus clientes.

EVALUACIÓN DE RIESGOS Y OPORTUNIDADES EN LA IMPLEMENTACIÓN DE METODOLOGÍAS INDUSTRIALES

La implementación de metodologías industriales es una práctica común en la gestión de operaciones en las empresas. Sin embargo, esta implementación puede implicar riesgos y oportunidades que deben ser evaluados para asegurar el éxito del proyecto. En este capítulo, se discutirá la evaluación de riesgos y oportunidades en la implementación de metodologías industriales. Se definirá qué se entiende por riesgo y oportunidad, se explicarán las metodologías para la evaluación de riesgos y oportunidades, y se detallarán los pasos para llevar a cabo una evaluación adecuada. Además, se analizarán algunos ejemplos de riesgos y oportunidades comunes que pueden surgir en la implementación de metodologías industriales.

Definición de riesgo y oportunidad

Antes de entrar en la evaluación de riesgos y oportunidades en la implementación de metodologías industriales, es importante definir qué se entiende por riesgo y oportunidad. El riesgo se define como la posibilidad de que ocurra un evento o situación que afecte negativamente el proyecto o la organización. Por otro lado, la oportunidad se define como una situación que puede ser beneficiosa para el proyecto o la organización.

La evaluación de riesgos y oportunidades en la implementación de metodologías industriales es fundamental para evitar posibles problemas y maximizar los beneficios del proyecto. La evaluación adecuada de los riesgos y oportunidades puede proporcionar información valiosa para la toma de decisiones y la planificación de la implementación de la metodología.

Metodologías para la evaluación de riesgos y oportunidades

Existen diferentes metodologías para la evaluación de riesgos y oportunidades en la implementación de metodologías industriales. A continuación, se explicarán las más comunes:

Análisis FODA

El análisis FODA (Fortalezas, Oportunidades, Debilidades, Amenazas) es una herramienta de evaluación estratégica que permite identificar los factores internos y externos que pueden afectar el éxito del proyecto. Este análisis se divide en cuatro categorías:

Fortalezas: factores internos que son positivos para el proyecto o la organización.

Oportunidades: factores externos que pueden ser beneficiosos para el proyecto o la organización.

Debilidades: factores internos que pueden afectar negativamente el proyecto o la organización.

Amenazas: factores externos que pueden afectar negativamente el proyecto o la organización.

El análisis FODA es útil para identificar los puntos fuertes y débiles del proyecto y las oportunidades y amenazas externas que pueden surgir durante la implementación de la metodología.

Análisis de riesgos y oportunidades

El análisis de riesgos y oportunidades es una metodología que permite identificar y evaluar los posibles eventos que pueden afectar el proyecto. El análisis se divide en dos categorías: riesgos y oportunidades. Los riesgos son los eventos que pueden tener un impacto negativo en el proyecto o la organización, mientras que las oportunidades son los eventos que pueden tener un impacto positivo en el proyecto o la organización.

El análisis de riesgos y oportunidades es útil para identificar los eventos que pueden afectar negativa o positivamente el proyecto y tomar medidas para reducir el impacto negativo y aprovechar las oportunidades.

Análisis de costos

El análisis de costos es una metodología que permite evaluar el impacto financiero de la implementación de la metodología. El análisis se centra en los costos directos e indirectos del proyecto y las posibles ganancias y ahorros que se pueden obtener con la implementación de la metodología.

El análisis de costos es útil para evaluar la viabilidad financiera del proyecto y determinar si los beneficios superan los costos.

Pasos para la evaluación de riesgos y oportunidades

Para llevar a cabo una evaluación adecuada de los riesgos y oportunidades en la implementación de metodologías industriales, es necesario seguir algunos pasos clave:

Identificar los posibles riesgos y oportunidades: en esta etapa, se deben identificar todos los posibles riesgos y oportunidades que puedan surgir durante la implementación de la metodología.

Evaluar la probabilidad de que ocurran los riesgos y oportunidades: en esta etapa, se debe evaluar la probabilidad de que ocurran los riesgos y oportunidades identificados. Es importante clasificarlos según su probabilidad de ocurrencia y su impacto potencial en el proyecto.

Identificar las posibles medidas de mitigación: en esta etapa, se deben identificar las posibles medidas para mitigar los riesgos y aprovechar las oportunidades identificadas.

Evaluar los costos y beneficios de las medidas de mitigación: en esta etapa, se deben evaluar los costos y beneficios de las medidas de mitigación identificadas y determinar si son viables financieramente.

Implementar las medidas de mitigación: en esta etapa, se deben implementar las medidas de mitigación para reducir el impacto negativo de los riesgos identificados y aprovechar las oportunidades.

Ejemplos de riesgos y oportunidades en la implementación de metodologías industriales

A continuación, se analizarán algunos ejemplos de riesgos y oportunidades comunes que pueden surgir en la implementación de metodologías industriales:

Riesgos:

Falta de capacitación adecuada: si el personal no está capacitado adecuadamente en la metodología que se va a implementar, puede haber problemas de implementación y aumento del tiempo y costos del proyecto.

Resistencia al cambio: si los empleados se resisten a los cambios que implica la implementación de la metodología, puede haber retrasos y problemas en la implementación.

Problemas técnicos: pueden surgir problemas técnicos durante la implementación de la metodología, lo que puede provocar retrasos en la implementación y aumentar los costos.

Oportunidades:

Mejora de la eficiencia: la implementación de una metodología industrial puede mejorar la eficiencia de los procesos de la organización y reducir los costos.

Mejora de la calidad: la implementación de una metodología industrial puede mejorar la calidad de los productos o servicios que ofrece la organización, lo que puede aumentar la satisfacción del cliente y la lealtad.

Incremento de la productividad: la implementación de una metodología industrial puede aumentar la productividad de la organización y permitir una mayor producción sin aumentar los costos.

Conclusiones

La evaluación de riesgos y oportunidades es un paso clave en la implementación de metodologías industriales. Permite identificar los posibles riesgos y oportunidades que pueden surgir durante la implementación de la metodología, evaluar su impacto potencial y determinar las medidas de mitigación necesarias. La evaluación de riesgos y oportunidades también permite evaluar la viabilidad financiera del proyecto y determinar si los beneficios superan los costos.

Es importante tener en cuenta que la implementación de una metodología industrial puede tener un impacto significativo en la organización. Por lo tanto, es importante llevar a cabo una evaluación adecuada de los riesgos y oportunidades para garantizar el éxito del proyecto.

Además, es importante que la organización brinde capacitación adecuada al personal y fomente una cultura de cambio y mejora continua para garantizar una implementación exitosa de la metodología.

En resumen, la evaluación de riesgos y oportunidades es un paso clave en la implementación de metodologías industriales. Permite identificar los posibles riesgos y oportunidades y determinar las medidas de mitigación necesarias para garantizar el éxito del proyecto. Es importante llevar a cabo una evaluación adecuada de los riesgos y oportunidades y brindar capacitación adecuada al personal para garantizar una implementación exitosa de la metodología.

FORMACIÓN Y CAPACITACIÓN EN METODOLOGÍAS INDUSTRIALES

Las metodologías industriales son técnicas y herramientas utilizadas en la industria para mejorar la eficiencia y la calidad de los procesos productivos. Estas metodologías incluyen Lean Manufacturing, Six Sigma, Just in Time, Teoría de Restricciones, Total Productive Maintenance, entre otras.

La formación y capacitación en estas metodologías es esencial para que las empresas puedan implementarlas de manera efectiva y lograr mejoras significativas en sus procesos productivos. En este capítulo se discutirán la importancia de la formación y capacitación en metodologías industriales, los beneficios que ofrecen, y algunos ejemplos de su aplicación en diferentes áreas de la industria.

Importancia de la formación y capacitación en metodologías industriales

La formación y capacitación en metodologías industriales es fundamental para mejorar los procesos productivos de las empresas y aumentar su competitividad en el mercado. La aplicación de estas metodologías permite optimizar los procesos de producción, reducir costos, mejorar la calidad de los productos y aumentar la eficiencia de la empresa.

La implementación de estas metodologías requiere de personal capacitado y entrenado en su uso. La formación y capacitación en estas metodologías permitirá al personal comprender la importancia de la implementación de estas técnicas y herramientas y cómo aplicarlas de manera efectiva en el proceso productivo.

Beneficios de la formación y capacitación en metodologías industriales

La formación y capacitación en metodologías industriales ofrece numerosos beneficios para las empresas, entre los que destacan los siguientes:

Mejora de la eficiencia: La implementación de metodologías industriales permite identificar áreas de desperdicio y mejorar los procesos de producción, lo que se traduce en una mayor eficiencia en la empresa.

Reducción de costos: La identificación de áreas de desperdicio y la mejora de los procesos de producción permiten reducir los costos de producción de la empresa.

Mejora de la calidad de los productos: La implementación de metodologías industriales permite identificar y corregir áreas de defectos en el proceso de producción, lo que se traduce en una mejora en la calidad de los productos.

Aumento de la productividad: La implementación de metodologías industriales permite optimizar los procesos de producción, lo que se traduce en un aumento en la productividad de la empresa.

Mejora del servicio al cliente: La implementación de metodologías industriales permite mejorar la eficiencia y la calidad del servicio al cliente, lo que se traduce en una mayor satisfacción del cliente y fidelización de los mismos.

Áreas de aplicación de las metodologías industriales

Las metodologías industriales pueden ser aplicadas en diferentes áreas de la industria, entre las que se destacan las siguientes:

Procesos productivos: Las metodologías industriales pueden ser aplicadas en los procesos productivos para mejorar la eficiencia, reducir los costos de producción y mejorar la calidad de los productos.

Mantenimiento: Las metodologías industriales pueden ser aplicadas en el mantenimiento de la maquinaria y equipos para reducir los tiempos de parada y mejorar la eficiencia.

Distribución y almacenamiento: Las metodologías industriales pueden ser aplicadas para mejorar la eficiencia en la distribución y el almacenamiento de los productos, reducir los tiempos de entrega y mejorar la gestión del inventario.

Gestión de proyectos: Las metodologías industriales pueden ser aplicadas en la gestión de proyectos para optimizar los recursos, reducir los tiempos de entrega y mejorar la calidad del proyecto.

Gestión de la cadena de suministro: Las metodologías industriales pueden ser aplicadas en la gestión de la cadena de suministro para mejorar la eficiencia en la gestión de los proveedores, reducir los costos y mejorar la calidad de los productos.

Ejemplos de aplicación de las metodologías industriales

A continuación, se presentan algunos ejemplos de aplicación de las metodologías industriales en diferentes áreas de la industria:

Lean Manufacturing: Esta metodología se enfoca en la eliminación de los desperdicios en el proceso productivo. Un ejemplo de su aplicación sería la reducción del tiempo de espera entre las operaciones de un proceso productivo, lo que permite mejorar la eficiencia y reducir los costos de producción.

Six Sigma: Esta metodología se enfoca en la identificación y eliminación de los defectos en el proceso productivo. Un ejemplo de su aplicación sería la reducción del número de defectos en un producto, lo que se traduce en una mejora de la calidad del mismo.

Just in Time: Esta metodología se enfoca en la eliminación del inventario y la producción en función de la demanda del cliente. Un ejemplo de su aplicación sería la reducción de los tiempos de espera en la entrega de los productos, lo que se traduce en una mejora del servicio al cliente y la reducción de los costos de inventario.

Teoría de Restricciones: Esta metodología se enfoca en la identificación y eliminación de los cuellos de botella en el proceso productivo. Un ejemplo de su aplicación sería la identificación de un cuello de botella en una línea de producción y la implementación de medidas para eliminarlo, lo que se traduce en una mejora de la eficiencia del proceso.

Total Productive Maintenance: Esta metodología se enfoca en la mejora del mantenimiento de la maquinaria y equipos. Un ejemplo de su aplicación sería la implementación de un programa de mantenimiento preventivo en una planta industrial, lo que se traduce en una reducción de los tiempos de parada y una mejora de la eficiencia de la planta.

Conclusión

La formación y capacitación en metodologías industriales es esencial para que las empresas puedan implementar estas técnicas y herramientas de manera efectiva y lograr mejoras significativas en sus procesos productivos. Las metodologías industriales ofrecen numerosos beneficios para las empresas, entre los que destacan la mejora de la eficiencia, la reducción de costos, la mejora de la calidad de los productos, el aumento de la productividad y la mejora del servicio al cliente.

Las metodologías industriales pueden ser aplicadas en diferentes áreas de la industria, como los procesos productivos, el mantenimiento, la distribución y almacenamiento, la gestión de proyectos y la gestión de la cadena de suministro. La aplicación de estas metodologías en la industria puede contribuir significativamente a la mejora de la competitividad de las empresas en el mercado.

GESTIÓN DEL CAMBIO EN LA IMPLEMENTACIÓN DE METODOLOGÍAS INDUSTRIALES

La gestión del cambio es un aspecto clave en la implementación de metodologías industriales, ya que involucra cambios importantes en los procesos, la cultura organizacional y las relaciones interpersonales. En este capítulo se abordarán los principales aspectos relacionados con la gestión del cambio en la implementación de metodologías industriales, incluyendo los factores que influyen en el éxito de la implementación, las estrategias para manejar la resistencia al cambio, los roles y responsabilidades de los líderes de cambio, así como las herramientas y técnicas disponibles para facilitar la implementación.

Factores que influyen en el éxito de la implementación de metodologías industriales

La implementación de metodologías industriales es un proceso complejo que implica múltiples factores que influyen en su éxito. En general, estos factores se pueden clasificar en tres categorías principales: la cultura organizacional, la capacidad de gestión del cambio y la planificación y ejecución de la implementación.

La cultura organizacional es uno de los factores más importantes que influyen en el éxito de la implementación de metodologías industriales. La cultura organizacional puede definirse como el conjunto de valores, creencias, normas y comportamientos que caracterizan a una organización. Una cultura organizacional fuerte y coherente puede ser un factor determinante en el éxito de la implementación de metodologías industriales. Por el contrario, una cultura organizacional débil o fragmentada puede ser un obstáculo importante para la implementación exitosa.

La capacidad de gestión del cambio es otro factor crítico que influye en el éxito de la implementación de metodologías industriales. La gestión del cambio se refiere al conjunto de procesos y actividades que se llevan a cabo para planificar, implementar y controlar los cambios en una organización. Una buena capacidad de gestión del cambio es esencial para garantizar que la implementación de la metodología industrial se realice de manera efectiva y sin problemas.

La planificación y ejecución de la implementación también son factores clave que influyen en el éxito de la implementación de metodologías industriales. Una planificación cuidadosa y una ejecución eficiente son necesarias para asegurar que la implementación se lleve a cabo de manera efectiva y que se logren los objetivos deseados.

Estrategias para manejar la resistencia al cambio

La resistencia al cambio es un fenómeno común en la implementación de metodologías industriales. La resistencia al cambio puede ser una barrera significativa para el éxito de la implementación, ya que puede dificultar el proceso de cambio y llevar a la insatisfacción del personal. A continuación, se presentan algunas estrategias para manejar la resistencia al cambio en la implementación de metodologías industriales:

Comunicar los beneficios de la implementación: Es importante que el personal comprenda los beneficios de la implementación de la metodología industrial. La comunicación efectiva puede ayudar a reducir la resistencia al cambio y motivar al personal a apoyar la implementación.

Involucrar al personal: Es esencial involucrar al personal en la implementación de la metodología industrial. Esto puede incluir la participación en grupos de trabajo, la identificación de áreas problemáticas y la propuesta de soluciones.

Proporcionar formación y apoyo: La formación y el apoyo son esenciales para ayudar al personal a adaptarse a los cambios que se producen en la implementación de la metodología industrial. La formación puede incluir la capacitación en nuevas habilidades y herramientas, mientras que el apoyo puede incluir la orientación y el seguimiento para asegurarse de que el personal tenga la ayuda que necesita para implementar con éxito la metodología.

Reconocer y recompensar el éxito: Es importante reconocer y recompensar el éxito en la implementación de la metodología industrial. Esto puede incluir el reconocimiento público, los incentivos financieros y las oportunidades de desarrollo profesional. El reconocimiento y la recompensa pueden motivar al personal a apoyar la implementación y superar la resistencia al cambio.

Aceptar y gestionar la resistencia: Finalmente, es importante aceptar que la resistencia al cambio es un fenómeno natural en la implementación de metodologías industriales y que se debe gestionar de manera efectiva. La gestión de la resistencia puede incluir la identificación de los factores subyacentes de la resistencia, la adopción de medidas para abordar estos factores y la orientación del personal a través del proceso de cambio.

Roles y responsabilidades de los líderes de cambio

Los líderes de cambio juegan un papel fundamental en la implementación de metodologías industriales. Los líderes de cambio son aquellos individuos que dirigen y coordinan el proceso de cambio, y que se encargan de garantizar que la implementación de la metodología industrial se lleve a cabo de manera efectiva y sin problemas. A continuación, se presentan algunos de los roles y responsabilidades clave de los líderes de cambio en la implementación de metodologías industriales:

Establecer una visión clara: Los líderes de cambio deben establecer una visión clara para la implementación de la metodología industrial. Esto puede incluir la definición de objetivos claros, la comunicación de la visión a todo el personal y la alineación de la visión con los valores y la cultura organizacional.

Crear un sentido de urgencia: Los líderes de cambio deben crear un sentido de urgencia en torno a la implementación de la metodología industrial. Esto puede incluir la identificación de los riesgos y oportunidades asociados con la falta de implementación y la comunicación de estos riesgos y oportunidades a todo el personal.

Desarrollar y mantener una coalición de cambio: Los líderes de cambio deben desarrollar y mantener una coalición de cambio que apoye la implementación de la metodología industrial. Esto puede incluir la identificación de los principales interesados en la implementación, la creación de un equipo de proyecto y la colaboración con otros líderes de la organización.

Comunicar y educar: Los líderes de cambio deben comunicar y educar al personal sobre la metodología industrial y la necesidad de implementarla. Esto puede incluir la creación de materiales de comunicación y la organización de sesiones de formación y capacitación.

Implementar y consolidar el cambio: Finalmente, los líderes de cambio deben implementar y consolidar el cambio. Esto puede incluir la identificación de obstáculos y la adopción de medidas para superarlos, la monitorización del progreso y la adaptación de la implementación a medida que sea necesario.

Herramientas y técnicas para facilitar la implementación de metodologías industriales

Existen una serie de herramientas y técnicas que pueden utilizarse para facilitar la implementación de metodologías industriales. Estas herramientas y técnicas pueden ayudar a los líderes de cambio y al personal a planificar, ejecutar y monitorizar el proceso de implementación. A continuación, se presentan algunas de las herramientas y técnicas más comunes utilizadas en la implementación de metodologías industriales:

Diagrama de flujo: El diagrama de flujo es una herramienta visual que se utiliza para representar un proceso en términos de sus pasos y actividades individuales. El uso de un diagrama de flujo puede ayudar a los líderes de cambio y al personal a visualizar el proceso de implementación y a identificar áreas de mejora.

Análisis FODA: El análisis FODA es una herramienta utilizada para evaluar las fortalezas, debilidades, oportunidades y amenazas de una organización. El uso del análisis FODA puede ayudar a los líderes de cambio a identificar las áreas donde se requiere una mayor atención durante la implementación de la metodología industrial.

Gráficos de Gantt: Los gráficos de Gantt son herramientas utilizadas para planificar y monitorizar los proyectos. El uso de los gráficos de Gantt puede ayudar a los líderes de cambio y al personal a visualizar el calendario de implementación de la metodología industrial y a identificar cualquier retraso o desviación en el plan.

Matriz de responsabilidad: La matriz de responsabilidad es una herramienta utilizada para identificar las responsabilidades individuales de los miembros del equipo en un proyecto. El uso de la matriz de responsabilidad puede ayudar a los líderes de cambio a asignar tareas y responsabilidades específicas a los miembros del equipo durante la implementación de la metodología industrial.

Encuestas y evaluaciones: Las encuestas y evaluaciones son herramientas utilizadas para recopilar información y comentarios de los empleados sobre la implementación de la metodología industrial. El uso de las encuestas y evaluaciones puede ayudar a los líderes de cambio a evaluar el progreso y a identificar cualquier problema o desafío que deba abordarse.

Conclusión

La implementación de metodologías industriales puede ser un proceso desafiante y complejo. Sin embargo, con una planificación adecuada, una comunicación clara y una gestión efectiva del cambio, la implementación puede ser exitosa y puede mejorar la eficiencia, la calidad y la rentabilidad de una organización. Los líderes de cambio desempeñan un papel fundamental en la implementación de metodologías industriales y deben estar dispuestos a asumir la responsabilidad de dirigir y coordinar el proceso de cambio. La utilización de herramientas y técnicas como el diagrama de flujo, el análisis FODA, los gráficos de Gantt, la matriz de responsabilidad, las encuestas y las evaluaciones puede ayudar a facilitar la implementación de la metodología industrial y a identificar áreas de mejora. En resumen, la implementación exitosa de metodologías industriales requiere una planificación cuidadosa, una comunicación clara, una gestión efectiva del cambio y una colaboración entre los líderes de cambio y el personal.

INTEGRACIÓN DE METODOLOGÍAS INDUSTRIALES EN LA ESTRATEGIA DE LA EMPRESA

La industria moderna se caracteriza por la competencia feroz en los mercados nacionales e internacionales, la creciente complejidad de los procesos productivos y el uso intensivo de tecnologías avanzadas. Para mantenerse competitivas y rentables, las empresas necesitan adoptar una estrategia integral que aborde todos los aspectos de su operación, desde la planificación y el diseño hasta la producción y la entrega al cliente. En este contexto, la integración de metodologías industriales es un elemento clave para el éxito empresarial. En este capítulo, se explorarán las principales metodologías industriales utilizadas en la actualidad y su impacto en la estrategia empresarial.

Metodologías industriales

Existen numerosas metodologías industriales utilizadas en la actualidad para mejorar la eficiencia, la calidad y la rentabilidad de los procesos productivos. Algunas de las metodologías más populares incluyen:

Lean Manufacturing: Esta metodología se centra en la eliminación de desperdicios y la mejora continua de los procesos productivos. Se basa en cinco principios fundamentales: valor, flujo, tirón, perfección y respeto por las personas. La implementación de Lean Manufacturing implica la identificación y eliminación de actividades que no agregan valor al proceso, la mejora del flujo de trabajo, la eliminación de cuellos de botella y la implementación de procesos de producción a pedido.

Six Sigma: Esta metodología se centra en la mejora de la calidad y la reducción de la variabilidad en los procesos productivos. Se basa en la recopilación y análisis de datos para identificar y resolver problemas, reducir defectos y mejorar la satisfacción del cliente. La implementación de Six Sigma implica la definición clara de los objetivos, la recopilación y análisis de datos, la implementación de soluciones y la medición continua de los resultados.

Teoría de las restricciones: Esta metodología se centra en la identificación y eliminación de las restricciones que limitan la capacidad de producción de una empresa. Se basa en la idea de que una cadena productiva es tan fuerte como su eslabón más débil. La implementación de la teoría de las restricciones implica la identificación de los cuellos de botella y la implementación de soluciones para mejorar la capacidad productiva en el eslabón más débil.

Total Productive Maintenance (TPM): Esta metodología se centra en la maximización de la eficiencia de los equipos de producción a través del mantenimiento preventivo y la mejora continua. Se basa en la idea de que el mantenimiento regular y la identificación temprana de problemas pueden evitar fallas costosas y prolongar la vida útil de los equipos. La implementación de TPM implica la identificación de los equipos críticos, la definición de los procedimientos de mantenimiento preventivo, la capacitación de los trabajadores y la implementación de un sistema de seguimiento y medición de la eficiencia de los equipos.

Integración de metodologías industriales en la estrategia de la empresa

La implementación exitosa de metodologías industriales requiere una estrategia empresarial integral que aborde todos los aspectos de la operación de la empresa. Algunos de los elementos clave de una estrategia integral incluyen:

Definición clara de los objetivos empresaria

Una estrategia integral debe comenzar con una definición clara de los objetivos empresariales. Los objetivos deben ser específicos, medibles, alcanzables, relevantes y oportunos (SMART, por sus siglas en inglés). Además, los objetivos deben estar alineados con la visión y misión de la empresa. Una vez que se han definido los objetivos, se pueden establecer indicadores de desempeño para medir el progreso hacia la consecución de esos objetivos.

Identificación de áreas críticas de mejora

La identificación de áreas críticas de mejora es un paso importante en la integración de metodologías industriales en la estrategia de la empresa. Las áreas críticas de mejora pueden incluir la reducción de los costos de producción, la mejora de la calidad, la reducción de los tiempos de entrega, la mejora de la satisfacción del cliente y la mejora de la eficiencia operativa. Una vez que se han identificado las áreas críticas de mejora, se pueden seleccionar las metodologías industriales más adecuadas para abordar esos problemas.

Implementación de metodologías industriales

La implementación de metodologías industriales implica la definición de los procesos y procedimientos necesarios para aplicar esas metodologías en la operación de la empresa. Esto puede incluir la capacitación de los trabajadores, la definición de los procedimientos de trabajo, la implementación de herramientas y tecnologías específicas y la medición del desempeño. Es importante asegurarse de que todas las metodologías estén integradas de manera coherente en la operación diaria de la empresa.

Monitoreo y medición del desempeño

El monitoreo y medición del desempeño son elementos clave de una estrategia integral de integración de metodologías industriales. Los indicadores de desempeño deben ser establecidos para medir el progreso hacia los objetivos empresariales y la mejora continua. Los resultados deben ser monitoreados y evaluados regularmente para asegurarse de que se están logrando los objetivos empresariales y para identificar áreas adicionales de mejora.

Cultura de mejora continua

La integración de metodologías industriales en la estrategia de la empresa debe ir acompañada de una cultura de mejora continua. Los trabajadores deben ser alentados a buscar formas de mejorar constantemente los procesos y procedimientos de la empresa. La retroalimentación regular y la participación activa de los trabajadores son elementos clave para fomentar una cultura de mejora continua.

Conclusión

La integración de metodologías industriales en la estrategia de la empresa es esencial para mantenerse competitivo en la industria moderna. Las metodologías industriales pueden mejorar la eficiencia, la calidad y la rentabilidad de los procesos productivos, y pueden ser utilizadas para abordar una amplia gama de problemas empresariales. La implementación exitosa de metodologías industriales requiere una estrategia integral que aborde todos los aspectos de la operación de la empresa, desde la definición de los objetivos hasta la cultura de mejora continua. Al integrar metodologías industriales de manera coherente en la operación diaria de la empresa, las empresas pueden mejorar su competitividad y rentabilidad en los mercados nacionales e internacionales.

EXPERIENCIAS Y CASOS DE ÉXITO EN LA IMPLEMENTACIÓN DE METODOLOGÍAS INDUSTRIALES

En el mundo de la industria, la implementación de metodologías es una práctica común que busca mejorar la eficiencia, la productividad y la calidad de los procesos productivos. Sin embargo, llevar a cabo esta tarea no siempre es fácil y puede presentar diversos desafíos. En este capítulo, exploraremos algunas experiencias y casos de éxito en la implementación de metodologías industriales, con el objetivo de comprender mejor los retos y beneficios de este proceso.

Experiencias en la implementación de metodologías industriales:

Para empezar, es importante señalar que no existe una única metodología que funcione para todas las empresas y situaciones. Cada organización tiene sus propias necesidades, objetivos y recursos, por lo que es importante adaptar la metodología a su contexto específico. A continuación, se presentan algunas experiencias y desafíos comunes en la implementación de metodologías industriales.

Experiencia 1: Implementación de Lean Manufacturing

Una empresa de fabricación de piezas metálicas decidió implementar la metodología de Lean Manufacturing para mejorar la eficiencia y la productividad de sus procesos. La implementación se llevó a cabo en varias fases, comenzando con la identificación de los procesos críticos y la eliminación de desperdicios.

También se implementó el sistema Kanban para mejorar la gestión de inventarios y reducir los tiempos de espera.

Uno de los principales desafíos fue la resistencia al cambio por parte de los empleados. Al principio, muchos se mostraron reacios a abandonar sus viejas formas de trabajo y adaptarse a los nuevos procesos. Sin embargo, mediante la capacitación y el involucramiento activo de los trabajadores en el proceso de implementación, se logró superar esta barrera.

Otro desafío importante fue la medición y seguimiento de los resultados. Si bien se observó una mejora significativa en la eficiencia y la productividad, fue difícil establecer una línea base y medir el impacto exacto de la implementación de Lean Manufacturing en los resultados finales. Sin embargo, la empresa continuó realizando ajustes y mejoras en el proceso, lo que resultó en una mejora continua de los resultados.

Experiencia 2: Implementación de Six Sigma

Una empresa de telecomunicaciones decidió implementar la metodología de Six Sigma para mejorar la calidad de sus procesos y reducir los defectos en sus productos. Se formó un equipo de trabajo dedicado exclusivamente a la implementación de Six Sigma, el cual se encargó de identificar los procesos críticos y analizar los datos para identificar las causas de los problemas.

Uno de los desafíos más importantes fue la falta de comprensión de la metodología por parte de los empleados. Muchos no entendían cómo funcionaba Six Sigma y cómo podrían contribuir al proceso de mejora. Para superar este obstáculo, se llevó a cabo una campaña de capacitación y comunicación para explicar la metodología y sus beneficios.

Otro desafío fue la recopilación y análisis de datos. La empresa descubrió que no contaba con los sistemas necesarios para recopilar datos de manera efectiva, por lo que tuvo que invertir en tecnología y herramientas de análisis de datos. Una vez que se resolvió este problema, se logró una mejora significativa en la calidad de los productos.

Además de los desafíos mencionados, la implementación de Six Sigma también presentó beneficios significativos para la empresa. Por ejemplo, la metodología ayudó a la empresa a estandarizar sus procesos, lo que redujo la variabilidad y mejoró la consistencia de los productos. También permitió identificar problemas ocultos y solucionarlos antes de que afectaran la calidad de los productos.

Otro beneficio importante fue la mejora en la satisfacción del cliente. Al reducir los defectos en los productos, la empresa pudo entregar productos de mayor calidad a sus clientes, lo que mejoró su satisfacción y fidelidad. Esto, a su vez, tuvo un impacto positivo en la reputación y el éxito financiero de la empresa.

Experiencia 3: Implementación de TPM (Mantenimiento Productivo Total)

Una empresa de fabricación de alimentos decidió implementar la metodología de TPM para mejorar la eficiencia y la confiabilidad de sus equipos de producción. La implementación se dividió en varias fases, comenzando con la identificación de los equipos críticos y la realización de un análisis de fallas para determinar las causas raíz de los problemas.

Uno de los desafíos más importantes fue la falta de compromiso de los empleados con la metodología. Al principio, muchos trabajadores no veían el valor de dedicar tiempo y recursos a la implementación de TPM, y preferían seguir con sus viejas formas de trabajo. Para superar este obstáculo, la empresa realizó una campaña de comunicación y capacitación para explicar la metodología y sus beneficios a los empleados.

Otro desafío importante fue la falta de recursos para la implementación de TPM. La empresa descubrió que no contaba con suficiente personal capacitado para llevar a cabo la implementación de manera efectiva, por lo que tuvo que invertir en capacitación y contratar a nuevos empleados para cubrir las necesidades.

A pesar de estos desafíos, la implementación de TPM tuvo resultados significativos para la empresa. Se logró reducir significativamente el tiempo de inactividad de los equipos y mejorar su confiabilidad. Además, se mejoró la eficiencia de los procesos de mantenimiento, lo que redujo los costos y mejoró la satisfacción del cliente al reducir los tiempos de entrega.

Casos de éxito en la implementación de metodologías industriales:

Además de estas experiencias, existen varios casos de éxito en la implementación de metodologías industriales en diferentes empresas y sectores. A continuación, se presentan algunos de ellos:

Caso 1: Toyota y la implementación de Lean Manufacturing

Toyota es uno de los ejemplos más conocidos de éxito en la implementación de Lean Manufacturing. La empresa ha sido pionera en el desarrollo y la implementación de esta metodología desde la década de 1950, lo que ha contribuido significativamente a su éxito como fabricante de automóviles.

La implementación de Lean Manufacturing en Toyota se basa en los siguientes principios:

Eliminación de desperdicios: La empresa se enfoca en identificar y eliminar cualquier actividad que no agregue valor al proceso productivo.

Mejora continua: Toyota busca constantemente mejorar sus procesos y productos, y utiliza los comentarios de los clientes y los empleados para identificar oportunidades de mejora.

Trabajo en equipo: La empresa fomenta la colaboración y el trabajo en equipo entre los empleados de diferentes departamentos y niveles jerárquicos.

Just in time: La metodología de Lean Manufacturing de Toyota se basa en el concepto de producción justo a tiempo, lo que significa que los productos se fabrican en la cantidad y momento exactos que se necesitan, sin acumulación de inventarios.

Calidad total: Toyota se enfoca en la calidad total de sus productos, lo que implica la participación de todos los empleados en la prevención de problemas y la identificación de oportunidades de mejora.

Gracias a la implementación de Lean Manufacturing, Toyota ha logrado reducir significativamente los tiempos de entrega, mejorar la calidad de sus productos y reducir los costos de producción. Además, la metodología ha permitido a la empresa adaptarse rápidamente a los cambios en el mercado y mantener su posición como líder en la industria automotriz.

Caso 2: Johnson & Johnson y la implementación de Six Sigma

Johnson & Johnson es una empresa líder en el sector de la salud que decidió implementar la metodología de Six Sigma para mejorar la calidad y la eficiencia de sus procesos de producción. La empresa se enfocó en la implementación de Six Sigma en sus procesos de manufactura, lo que incluyó la identificación de los procesos críticos, la capacitación de los empleados y la implementación de herramientas de mejora continua.

Como resultado de la implementación de Six Sigma, Johnson & Johnson logró reducir significativamente los defectos en sus productos, mejorar la eficiencia de sus procesos y reducir los costos de producción. Además, la metodología ha permitido a la empresa mejorar la satisfacción del cliente al entregar productos de mayor calidad y reducir los tiempos de entrega.

Caso 3: GE y la implementación de Total Quality Management

General Electric (GE) es una empresa que ha sido reconocida por su exitosa implementación de la metodología de Total Quality Management (TQM). La implementación de TQM en GE se enfocó en la mejora continua de los procesos, la eliminación de desperdicios y la participación de todos los empleados en la prevención de problemas y la identificación de oportunidades de mejora.

La implementación de TQM en GE tuvo un impacto significativo en la eficiencia y la calidad de la empresa. Por ejemplo, la empresa logró reducir significativamente los tiempos de entrega de sus productos, mejorar la calidad de los mismos y reducir los costos de producción. Además, la metodología permitió a GE mejorar la satisfacción del cliente y mantener su posición como líder en la industria.

Conclusión

La implementación de metodologías industriales puede presentar desafíos importantes, como la resistencia al cambio y la falta de recursos. Sin embargo, también puede presentar beneficios significativos, como la mejora en la eficiencia y la calidad de los procesos y productos, la reducción de costos y la mejora en la satisfacción del cliente.

A través de las experiencias y casos de éxito presentados en este capítulo, se puede observar que la implementación de metodologías industriales puede ser una herramienta poderosa para mejorar la competitividad y el éxito financiero de las empresas en diferentes sectores. Para lograr una implementación exitosa, es importante contar con un compromiso fuerte y una comunicación efectiva con los empleados, así como con la inversión en capacitación y recursos para asegurar la implementntción adecuada y la continuación de la mejora continua.

Además, se debe tener en cuenta que no existe una metodología universalmente aplicable, sino que cada empresa debe encontrar la que mejor se adapte a sus necesidades y características. Es importante evaluar cuidadosamente las diferentes opciones y adaptarlas a la cultura y estrategia de la empresa.

Finalmente, es importante destacar que la implementación de metodologías industriales no debe ser vista como un proyecto aislado, sino como un proceso continuo y en constante evolución. La mejora continua debe ser parte de la cultura empresarial y de la estrategia a largo plazo de la empresa.

En resumen, la implementación de metodologías industriales puede ser una herramienta poderosa para mejorar la competitividad y el éxito financiero de las empresas. Sin embargo, es importante tener en cuenta que cada empresa debe encontrar la metodología que mejor se adapte a sus necesidades y características, y que la implementación debe ser vista como un proceso continuo y en constante evolución.

RETOS Y OPORTUNIDADES EN EL FUTURO DE LAS METODOLOGÍAS INDUSTRIALES

Las metodologías industriales han experimentado un rápido avance en las últimas décadas, impulsado por la creciente demanda de mejoras en la eficiencia y la calidad en los procesos de producción. Estas metodologías, que van desde Six Sigma y Lean Manufacturing hasta la Manufactura Esbelta y el Total Quality Management, han demostrado ser extremadamente efectivas para ayudar a las empresas a mejorar sus procesos y aumentar la rentabilidad.

Sin embargo, en la actualidad, las empresas se enfrentan a una serie de desafíos cada vez más complejos en el entorno empresarial. La globalización, la digitalización y la automatización están cambiando el panorama industrial y creando nuevas oportunidades y desafíos. En este capítulo, se analizarán los retos y oportunidades que enfrentan las metodologías industriales en el futuro, y se presentarán algunas soluciones innovadoras para enfrentarlos.

Retos de las metodologías industriales

Adaptación a la era digital

La digitalización ha transformado la manera en que se llevan a cabo los procesos industriales y ha creado nuevas oportunidades para la eficiencia y la optimización. Sin embargo, muchas empresas todavía no han logrado adaptarse a esta nueva era. La incorporación de nuevas tecnologías, como el Internet de las cosas (IoT) y la inteligencia artificial (IA), requiere una inversión significativa en infraestructura y recursos humanos, y la falta de capacitación y experiencia puede ser un obstáculo para la implementación efectiva de estas tecnologías.

Flexibilidad en la cadena de suministro

La globalización ha permitido que las empresas accedan a nuevos mercados y proveedores, pero también ha creado nuevas complejidades en la cadena de suministro. Las empresas necesitan ser capaces de adaptarse rápidamente a los cambios en la demanda y en las condiciones del mercado, lo que requiere una mayor flexibilidad en la cadena de suministro. Además, las empresas necesitan estar preparadas para los riesgos inherentes a la cadena de suministro, como desastres naturales, interrupciones políticas o sociales y ciberataques.

Gestión del talento

El éxito de cualquier metodología industrial depende en gran medida del talento y la experiencia de las personas que la implementan. Sin embargo, la escasez de talento en algunos sectores y regiones puede dificultar la implementación efectiva de las metodologías industriales. Además, el envejecimiento de la fuerza laboral y la falta de habilidades relevantes en la fuerza laboral más joven pueden limitar la capacidad de las empresas para implementar nuevas tecnologías y metodologías.

Sostenibilidad

Las empresas están cada vez más preocupadas por el impacto ambiental y social de sus operaciones. Las metodologías industriales pueden ayudar a las empresas a reducir su impacto ambiental y mejorar la sostenibilidad, pero también es importante considerar los efectos a largo plazo de los procesos y productos. Además, la sostenibilidad también incluye consideraciones sociales, como las condiciones laborales y los derechos humanos en toda la cadena de suministro.

Oportunidades para las metodologías industriales

Automatización

La automatización de los procesos industriales puede proporcionar una mayor eficiencia y una reducción en los errores humanos. La robótica y la automatización también pueden ayudar a las empresas a adaptarse a la creciente demanda de personalización y variabilidad en la producción, lo que puede aumentar la eficiencia y reducir los costos. Además, la automatización puede ser una solución para la escasez de talento en algunos sectores, ya que puede permitir que las empresas realicen más con menos personal.

Analítica de datos

La analítica de datos puede ser una herramienta valiosa para las empresas que buscan mejorar la eficiencia y la calidad en los procesos de producción. La recopilación y el análisis de datos en tiempo real pueden proporcionar información sobre el rendimiento de los equipos, la calidad de los productos y la eficiencia de los procesos. Estos datos pueden utilizarse para identificar áreas de mejora y tomar decisiones informadas sobre la implementación de metodologías industriales.

Sistemas de gestión integrados

Los sistemas de gestión integrados pueden ayudar a las empresas a gestionar eficazmente los procesos de producción y la cadena de suministro. Estos sistemas permiten una gestión centralizada de los procesos, lo que puede reducir la complejidad y mejorar la eficiencia. Además, los sistemas de gestión integrados pueden mejorar la comunicación entre departamentos y proveedores, lo que puede aumentar la transparencia y reducir los errores.

Sostenibilidad

La sostenibilidad puede ser una oportunidad para las empresas que buscan diferenciarse en el mercado y satisfacer las demandas de los consumidores cada vez más conscientes del medio ambiente. La implementación de metodologías industriales puede ayudar a las empresas a reducir su impacto ambiental y mejorar la sostenibilidad de sus operaciones. Esto puede incluir la reducción de residuos y emisiones, el uso de energías renovables y la mejora de la eficiencia energética.

Soluciones innovadoras para enfrentar los retos

Capacitación y desarrollo de habilidades

La capacitación y el desarrollo de habilidades pueden ayudar a las empresas a enfrentar la escasez de talento y la falta de habilidades relevantes en la fuerza laboral. Las empresas pueden invertir en programas de capacitación para actualizar las habilidades de los trabajadores y prepararlos para la implementación de nuevas tecnologías y metodologías. Además, las empresas pueden trabajar con instituciones educativas y gubernamentales para fomentar la formación de habilidades relevantes para el sector.

Implementación escalonada de tecnologías

La implementación escalonada de tecnologías puede ayudar a las empresas a abordar el desafío de la adaptación a la era digital. En lugar de intentar implementar todas las tecnologías de una sola vez, las empresas pueden implementar tecnologías de manera gradual y evaluar su impacto en los procesos. Esto puede ayudar a las empresas a reducir el riesgo y la inversión inicial, y permitirles ajustar sus estrategias a medida que aprenden más sobre las tecnologías.

Colaboración en la cadena de suministro

La colaboración en la cadena de suministro puede ayudar a las empresas a mejorar la flexibilidad y la resiliencia de sus operaciones. Las empresas pueden trabajar con proveedores y clientes para compartir información y planificar de manera conjunta para reducir el riesgo de interrupciones en la cadena de suministro. Además, la colaboración puede ayudar a las empresas a identificar oportunidades para mejorar la eficiencia y reducir los costos en toda la cadena de suministro.

Innovación abierta

La innovación abierta puede ayudar a las empresas a desarrollar soluciones innovadoras para abordar los desafíos actuales y futuros. La innovación abierta implica colaborar con socios externos, como startups, universidades y otros actores del ecosistema empresarial, para desarrollar nuevas soluciones y tecnologías. La innovación abierta puede permitir a las empresas acceder a nuevas ideas y habilidades, y puede ayudarles a mantenerse a la vanguardia de la innovación en su sector.

Uso de tecnologías emergentes

El uso de tecnologías emergentes, como la inteligencia artificial, la robótica y la realidad aumentada, puede proporcionar nuevas soluciones para los desafíos industriales actuales y futuros. Estas tecnologías pueden mejorar la eficiencia y la precisión en la producción, reducir el tiempo de inactividad y mejorar la seguridad de los trabajadores. Además, estas tecnologías pueden permitir una mayor personalización y variabilidad en la producción, lo que puede mejorar la satisfacción del cliente y la competitividad de las empresas.

Enfoque en la calidad

Un enfoque en la calidad puede ayudar a las empresas a mejorar la satisfacción del cliente y la eficiencia en los procesos de producción. La implementación de sistemas de gestión de calidad, como ISO 9001, puede ayudar a las empresas a establecer procesos claros y estandarizados para garantizar la calidad de los productos y servicios. Además, un enfoque en la calidad puede ayudar a las empresas a identificar áreas de mejora y reducir los costos de no calidad.

Conclusiones

El futuro de las metodologías industriales presenta desafíos y oportunidades para las empresas. La adaptación a la era digital, la escasez de talento y la demanda de sostenibilidad son algunos de los desafíos que enfrentan las empresas. Sin embargo, existen soluciones innovadoras que pueden ayudar a las empresas a abordar estos desafíos, como la capacitación y el desarrollo de habilidades, la implementación escalonada de tecnologías, la colaboración en la cadena de suministro, la innovación abierta, el uso de tecnologías emergentes y un enfoque en la calidad.

Las empresas que puedan adaptarse a estos desafíos y aprovechar estas oportunidades estarán mejor posicionadas para competir en un entorno empresarial cada vez más exigente y cambiante. La implementación de metodologías industriales puede ayudar a las empresas a mejorar la eficiencia, la calidad y la sostenibilidad de sus operaciones, lo que puede aumentar la satisfacción del cliente y reducir los costos. Además, la implementación de metodologías industriales puede ayudar a las empresas a mantenerse a la vanguardia de la innovación en su sector y a asegurar su éxito a largo plazo.

CONCLUSIONES Y RECOMENDACIONES PARA LA IMPLEMENTACIÓN DE METODOLOGÍAS INDUSTRIALES

La implementación de metodologías industriales es un tema clave en la gestión eficiente de las empresas. Estas metodologías se han desarrollado a lo largo de los años con el objetivo de optimizar los procesos productivos, reducir costos y mejorar la calidad de los productos. En este capítulo, se presentarán las principales conclusiones y recomendaciones para la implementación de metodologías industriales.

La implementación de metodologías industriales es esencial para mejorar la eficiencia de los procesos productivos en las empresas. Estas metodologías permiten reducir los tiempos de producción, mejorar la calidad de los productos y reducir los costos.

La metodología Lean Manufacturing es una de las más utilizadas en la industria. Esta metodología se centra en la eliminación de desperdicios en los procesos productivos y en la mejora continua de los mismos.

Otra metodología ampliamente utilizada es Six Sigma, que se centra en la reducción de la variabilidad en los procesos productivos. Esta metodología permite identificar y corregir los problemas en los procesos, lo que conduce a una mejora en la calidad de los productos.

La metodología de Producción Más Limpia es una de las más recientes en la industria. Esta metodología se centra en la reducción del impacto ambiental de los procesos productivos, mediante la implementación de prácticas más limpias y sostenibles.

La implementación de metodologías industriales requiere un enfoque sistémico y una participación activa de los trabajadores. Es importante involucrar a todos los niveles de la organización en el proceso de implementación y promover la cultura de mejora continua.

La formación y capacitación de los trabajadores es esencial para la implementación de metodologías industriales. Los trabajadores deben estar capacitados en las metodologías específicas y en la mejora continua de los procesos productivos.

La gestión del cambio es un factor crítico en la implementación de metodologías industriales. Es importante comunicar de manera efectiva los cambios que se están realizando y asegurar que los trabajadores entiendan y acepten los cambios.

La medición y seguimiento de los indicadores de desempeño es esencial para evaluar la eficacia de las metodologías industriales implementadas. Los indicadores de desempeño deben ser definidos de manera clara y deben estar alineados con los objetivos de la empresa.

La retroalimentación es clave para la mejora continua de los procesos productivos. Es importante que los trabajadores puedan dar retroalimentación sobre los procesos y que esta retroalimentación sea tomada en cuenta en la implementación de mejoras.

Recomendaciones

Antes de implementar una metodología industrial, es importante evaluar las necesidades específicas de la empresa y determinar cuál es la metodología más adecuada para satisfacer estas necesidades.

La implementación de metodologías industriales debe ser liderada por un equipo multidisciplinario, que incluya a representantes de todos los niveles de la organización. Este equipo debe estar comprometido con la mejora continua de los procesos productivos.

La capacitación y formación de los trabajadores es esencial para la implementación de metodologías industriales. Es importante que los trabajadores reciban la formación adecuada para implementar y utilizar las metodologías de manera efectiva. La capacitación debe ser continua y debe incluir tanto la teoría como la práctica en la implementación de las metodologías.

Es importante involucrar a los trabajadores en la implementación de las metodologías industriales. Esto se puede lograr a través de la comunicación efectiva de los objetivos y beneficios de la implementación, así como a través de la participación en equipos de mejora continua.

La gestión del cambio es fundamental para el éxito de la implementación de metodologías industriales. Es importante establecer un plan de comunicación y gestión del cambio que permita involucrar a los trabajadores y que facilite la transición a las nuevas prácticas.

Es recomendable definir los indicadores de desempeño antes de la implementación de las metodologías industriales. Estos indicadores deben ser relevantes, medibles y alineados con los objetivos de la empresa. Además, es importante establecer un plan de seguimiento y evaluación de los indicadores de desempeño.

La retroalimentación es un componente clave para la mejora continua de los procesos productivos. Es importante establecer canales de retroalimentación para que los trabajadores puedan proporcionar comentarios y sugerencias sobre los procesos productivos. Estos comentarios deben ser tomados en cuenta en la implementación de mejoras.

La implementación de metodologías industriales no es un proceso único. Es importante establecer un plan de mejora continua que permita la evolución de las prácticas y la incorporación de nuevas metodologías o prácticas que permitan una mayor eficiencia y calidad en los procesos productivos.

Es recomendable establecer alianzas estratégicas con proveedores y clientes que permitan la implementación de prácticas sostenibles y de mejora continua en toda la cadena de suministro.

Conclusión

La implementación de metodologías industriales es una herramienta clave para mejorar la eficiencia y la calidad de los procesos productivos en las empresas. La metodología Lean Manufacturing, Six Sigma y la Producción Más Limpia son algunas de las metodologías más utilizadas en la industria.

La implementación de estas metodologías requiere un enfoque sistémico, una participación activa de los trabajadores, la formación y capacitación continua de los mismos, la gestión del cambio, la definición de indicadores de desempeño y la retroalimentación constante.

Es importante que las empresas evalúen sus necesidades específicas y determinen cuál es la metodología más adecuada para satisfacerlas. Además, es fundamental establecer un plan de mejora continua que permita la evolución de las prácticas y la incorporación de nuevas metodologías o prácticas que permitan una mayor eficiencia y calidad en los procesos productivos.

En resumen, la implementación de metodologías industriales es un proceso continuo y dinámico que requiere compromiso, colaboración y participación activa de todos los niveles de la organización. La implementación efectiva de estas metodologías puede conducir a una mejora significativa en la eficiencia, calidad y sostenibilidad de los procesos productivos de las empresas.

ACERCA DEL AUTOR

Ingeniero Industrial y de Sistemas

Maestría en Administración con Calidad y Productividad

3 Certificaciones

2 Estudios Técnicos

Más de 20 cursos de capacitación

Ganador del Singapore Cooperation Programme (ITE)

Instructor, ingeniero, creador de contenido y escritor.
Descubre la industria moderna de la mano del ingeniero más polémico.
Taller del inge

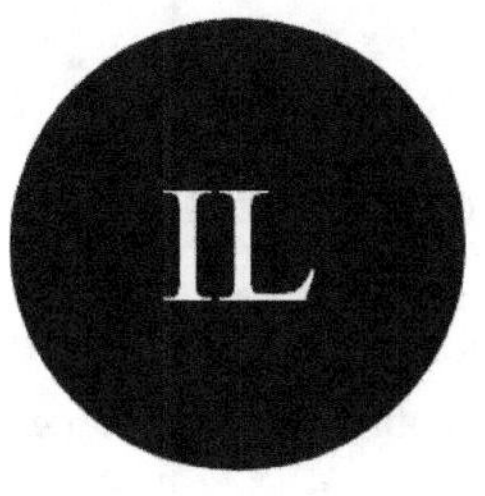

I. Laisequilla

Author / Engineer

La biblia del Ingeniero Industrial
Calidad y Estadística

Una guía completa y práctica para aquellos que deseen implementar herramientas de calidad y estadística en su organización. Con enfoque detallado en los principios y fundamentos teóricos.

Formatos disponibles: físico, ebook y audiolibro